基于 GNSS 及数据挖掘技术的水利工程监管技术

杨帅东　著

U0343503

黄 河 水 利 出 版 社
· 郑 州 ·

内 容 提 要

本书以设备国产化为宗旨,防止形成"卡脖子"技术。在基于北斗及设备国产化的基础上,对其监测方法进行了研究,并通过数据挖掘技术,提高监测精度,使得精度提高、数据稳定,达到或超过进口设备。通过人工神经网络预测,对监测的数据进行计算和分析,对工程的安全状况进行判断和预测,在人工信息化监管平台进行处理、展示和管理,对水利建设管理单位提供极大的便利。

本书适合从事水利工程运行管理、水利工程监测和测量的技术和科研人员阅读参考。

图书在版编目(CIP)数据

基于 GNSS 及数据挖掘技术的水利工程监管技术/杨帅东著. —郑州:黄河水利出版社,2021.6

ISBN 978-7-5509-2993-7

Ⅰ.①基…　Ⅱ.①杨…　Ⅲ.①卫星导航-全球定位系统-应用-水利工程-监测系统-研究　Ⅳ.①TV512

中国版本图书馆 CIP 数据核字(2021)第 104171 号

策划编辑:岳晓娟　　电话:15937166587　　QQ:2250150882

出 版 社:黄河水利出版社　　　　　　　　　　　网址:www.yrcp.com
　　　　　地址:河南省郑州市顺河路黄委会综合楼 14 层　邮政编码:450003
发行单位:黄河水利出版社
　　　　　发行部电话:0371-66026940、66020550、66028024、66022620(传真)
　　　　　E-mail:hhslcbs@126.com
承印单位:河南新华印刷集团有限公司
开本:890 mm×1 240 mm　1/32
印张:5.75
字数:166 千字
版次:2021 年 6 月第 1 版　　　　　　　　　印次:2021 年 6 月第 1 次印刷
定价:38.00 元

前　言

　　我国是坝工大国,许多水利工程(包括边坡)已运行很多年,一些大坝已经十分接近甚至超过设计工作年限,不少大坝处于"病坝"或"险坝"的运行状态,存在严重的安全隐患和失事风险,溃坝及滑坡事件也时有发生。因此,提升安全监测和监管技术以全面掌握水利工程的工作性态,具有极其重要的意义。

　　水利工程外部变形监测是安全监测的重要内容。外部变形监测的方法包括全站仪、水准仪、经纬仪、全球卫星定位系统等。其中,GNSS设备体积小,变形监测精度达毫米级,利用计算机技术、最新数据通信技术及数据分析技术与 GNSS 技术结合,可实现数据采集到变形分析、安全评估及预报智慧化,形成一整套的水利工程监管技术。

　　目前,水利工程的外部变形大多采用观测墩配合全站仪进行人工监测,监测频率低、测量误差受人为因素影响较大,且观测人员安全风险较大。部分重点水利工程采用了基于 GPS 差分定位技术的在线监测,监测成本高,在如今中美贸易战不断升级的大背景下,系统存在不可控的安全风险。随着我国北斗卫星导航系统的逐步完善,建立基于国产卫星系统的低成本、高精度变形实时监测系统,对水利工程的安全监测有着重要意义。

　　安全综合评价方法、安全监测模型在国内外应用较多,但目前对水利工程安全评估的研究还存在着一些问题:

　　(1)多数仅考虑水利工程安全监测系统的相关监测数据,而没有综合运用包括水情、气象、视频图像等监控数据,较少利用多学科多领域进行综合性的安全评估。

　　(2)自动化监测系统采集到的数据一般都直接入库,缺少对数据的质量控制,出现数据异常需要人工进行分析,发现由于监测设备问题造成的异常数据需进行人工剔除。

（3）目前对水利工程进行安全评估大多是根据已经获得的监测资料，对工程过去某时段或者现状进行安全评估，而对于未来一段时间水利工程可能的安全状况评估分析较少。单个参数的评估可以做到实时评估，但综合多学科多参数的水利工程安全评估大多为静态评价，不能实时进行工程安全评估工作。

有鉴于此，本书针对现阶段水利工程监管中遇到的问题和困难，从基于北斗卫星差分定位技术的水利工程变形监测研究、基于 LoRaWAN 的水利工程安全监测组网技术研究、多元融合数据的大坝安全智能评估系统研究三个方面入手，改进和创新了原有设备与方法的不足，形成新的水利工程监管技术。

本书由珠江水利委员会珠江水利科学院杨帅东撰写，在撰写过程中，得到了南京水利科学研究院李铮博士，珠江水利科学研究院黄志怀副所长、杨跃主任、侯磊高级工程师、覃朝东高级工程师等的支持与帮助，在此一并表示衷心的感谢。

本书的出版得到了珠江水利委员会珠江水利科学研究院、水利部珠江河口海岸工程技术研究中心、水利部珠江河口治理与保护重点实验室的资助。

编　者

2021 年 3 月

目　录

1 绪 论

1.1 研究背景

水利部鄂竟平部长在 2019 年 1 月 15 日召开的全国水利工作会议上表示,当前我国治水的主要矛盾已经发生深刻变化,下一步水利工作的重心将转到"水利工程补短板、水利行业强监管"上来,这是当前和今后一个时期水利改革发展的总基调。党中央、国务院高度重视水库安全,习近平总书记 2017 年 11 月做出重要批示,要求坚持安全第一,加强隐患排查预警和消除,确保水库安然无恙;2020 年 7 月做出重要批示,要求"十四五"期间解决防汛中的薄弱环节。2021 年,国务院办公厅印发《关于切实加强水库除险加固和运行管护工作的通知》,引起社会各方关注。水库工程对防汛、供水、生态、发电、航运等至关重要。我国现有水库 9.8 万多座,其中大中型水库 0.47 万座、小型水库 9.4 万座。近年来,国家发展和改革委员会、财政部安排中央资金 1 553 亿元,对 0.28 万座大中型水库和 6.9 万座小型水库进行了除险加固,工程安全状况不断改善。但是,随着岁月推移,由于以下因素,陆续有水库产生病险:一是我国水库 80% 以上修建于 20 世纪 50~70 年代,大部分已超过或接近设计使用年限,年久老化。二是超标准洪水、强烈地震等自然灾害影响,可能导致工程不同程度损毁。例如,2020 年我国发生了 1998 年以来最严重的汛情,造成 131 座大中型水库、1 991 座小型水库损坏。三是存在"重建轻管"现象,尤其是小型水库,管护力量薄弱,疏于日常维修养护,后天不良,积病成险。通知提出,对水利工程,要切实做好日常巡查、维修养护、安全监测、调度运用等工作,完善水库雨水情测报、大坝安全监测等设施,健全水库运行管护长效机制。

2021 年,水利部已多次开展对水利工程的明察暗访,对水利工程的安全运行提出了更高的要求。特别是对中小型水利工程,不但要求其具备水雨情监测和来水预报能力,对水利工程的安全监测也提出了更高的要求。水利部高度重视水库大坝的安全监测工作,2013 年印发了《关于加强水库大坝安全监测工作的通知》(水建管〔2013〕250 号)。2016 年水利部建管司组织开展全国水库大坝安全监测项目调查,据统计,目前设有表面变形监测的水库中,大型水库有 72.63%,中型水库51.75%,而小型水库仅不足 10%。水利部信息中心及水利部大坝安全管理中心正在联合编制的《小型水库安全监测预警设施建设技术指南》拟对小型水库的安全监测提出要求。

我国 95% 的水库为小型水库,量大面广,基本为县级政府或乡镇村组所有。由于大多数地区基层力量薄弱,小型水库管护能力和水平较低,难以实现统一规范管护。若能实现单个水库的全自动监测,从而推广区域集中管护,政府以县域或乡镇为片区,组建小型水库管理机构,对片区内的小型水库实行统一管护,就能从根本上解决中小型水利工程的安全运行管理难题。

水利工程外部变形监测是安全监测的重要内容。外部变形监测的方法包括全球卫星导航系统(Global Navigation satellite System,GNSS)、水准仪、经纬仪和全站仪等,其中,GNSS 设备体积小,变形监测精度达毫米级,利用计算机技术、最新数据通信技术及数据分析技术与 GNSS 技术结合,可实现数据采集到大坝变形分析、安全评估及预报全自动化。目前,水利工程的外部变形大多采用观测墩配合全站仪进行人工监测,监测频率低、测量误差受人为因素影响较大,部分重点水利工程采用了基于 GPS 差分定位技术的在线监测,监测成本高,在如今中美贸易战不断升级的大背景下,系统存在不可控的安全风险。随着我国北斗卫星导航系统的逐步完善,建立基于国产卫星系统的低成本、高精度变形实时监测系统,对水利工程安全监测的全自动化有着重要意义。

我国是坝工大国,已建成各类水坝约 10 万座,在我国社会的蓬勃发展和经济快速建设中,大坝水工建筑物已经而且正在发挥着越来越重要的作用。但是,由于人们对影响大坝安全的因素认识尚不充分,比如:填筑密实度、混凝土温控在施工控制中对大坝的影响;建筑物失稳机制、超载能力等对结构机制的影响;地震、洪水等自然力量的影响;恐怖袭击、运行疏忽等人为损坏的影响;材料力学指标、老化病害等材料性能的影响等,再加之许多大坝工程已运行很多年,一些大坝已经十分接近其至超过设计工作年限,不少大坝处于病坝或险坝的运行状态,存在严重的安全隐患和失事风险,大坝失事事件也时有发生。随着大坝水工建筑物建设的深入发展,高坝大库不断涌现,而当前高坝安全的理论研究尚不完善,例如对高坝枢纽工程的破坏演变机制、失效模式、风险分析和安全评估等问题研究尚不够深入,导致高坝的安全问题十分突出。水利部和国家电力监管委员会最近20年来对所属水电站大坝进行的定期安全检查中,发现存在多座病坝或险坝,对所属水库大坝进行的定期安全检查中,发现大约一半的水库大坝处于病坝或险坝的运行状态,安全形势相当严峻。因此,建立、健全和发展大坝安全监控体系以全面掌握大坝的工作性态,对分析我国目前已建成大坝的安全状态和未来大坝的深入研究发展都有着极其重要的意义。通过及时分析原型监测资料,并对大坝的安全状况进行分析和评价,可以及早发现大坝存在的安全隐患或缺陷,并适时提出补救和改进措施进行加固维修,可以避免因大坝不安全隐患或缺陷的恶性发展而导致大坝失事。实践证明,对大坝的安全状况进行分析和评价具有十分重要的作用,不仅有利于了解大坝的运行状况,还可以通过控制病坝、险坝的工作条件,及时采取必要措施进行加固维修,从而保证大坝的安全,此外,还对坝工理论的发展及反馈设计、改进施工有着重要的意义。通过建立健全大坝安全监测设施,加强大坝日常巡视检查,可以获得大坝原型监测资料,然后通过合理的大坝安全评判方法,即可对大坝目前运行状态做出综合评价。及时对获得的大坝原型监测资料进行综合、分析,并建立大坝安全监控模型,从中掌握大坝发展的动态,并对大坝安全状态做出预评判,不仅可以预防大坝出现险情,还有利于决策者或者大坝运行调度管理者更好地决策和调度。因此,根据监测资料来建立大坝监控模型并做出随时间推移的动态评判,对预测大坝未来性态和发展趋势,防止灾难的发生,具有重要的研究意义和实际必要。

1.2　国内外研究现状

1.2.1　GNSS 常规应用

　　GNSS 自诞生以来,深刻地影响和改变了人们的生产与生活,推动了人类与社会的进步。主要世界大国和组织出于国民经济和国防安全的考虑纷纷发展了自己的卫星导航系统,如美国的 GPS、俄罗斯的 GLONASS、中国的北斗卫星导航系统、欧洲的 GALILEO、印度的 IRNSS 以及日本的 QZSS 等。GNSS 在测绘、城建、规划、电信、水利、交通运输、渔业、森林防火、地震监测、航空航天和军事等涉及人们生活的各个领域发挥着不可或缺的作用。

　　伪距单点定位是最常见的定位模式,为了提高伪距定位精度,人们提出了差分 GPS(Differential Global Positioning System,DGPS)定位技术。DGPS 技术分为局域差分(LocaI Area DGPS,LADGPS)、广域差分(Wide Area DGPS,WADGPS)、广域增强差分(Wide Area Augmentation System,WAAS)和局域增强差分(Local Area Augmentation System,LAAS)。广域 DGPS 对卫星轨道误差、卫星钟差及电离层延迟等误差源加以细分和"模型化",从而削弱这些误差源的影响,改善用户的定位精度。相对于广域 DGPS,广域增强 DGPS 将差分改正信息送往地球同步卫星,同步卫星不仅播发 DGPS 差分信息,而且播发完好性数据和导航定位信号,信号覆盖面大,也可作为 GPS 导航卫星进行使用。局域增强 DGPS 在需要进行更高精度定位的局部区域建立若干个基准站,这些站类似于广域 DGPS 中的同步卫星,对外播发 GPS 卫星信号和 DGPS 差分信号,可以极大地改善用户的定位精度。

　　长期以来,人们在利用载波相位观测值定位方面做了大量的研究。实时动态定位(Real Time Kinematic,RTK)技术,最早是由 Remondi 于

1985 年提出的。RTK 技术包括常规 RTK 和网络 RTK。常规 RTK 利用流动站和基准站的空间相关性,通过观测值做差以消除系统误差的影响。常规 RTK 技术的瓶颈在于基准站与用户站之间的距离不能过长,当它们之间的距离在 20 km 范围内时,才能实现有效的厘米级定位。常规 RTK 技术包括虚拟参考站(VRS)技术、主辅站技术等。这种技术的缺点是:随着站间距离的增加,基准站与用户的空间相关性减弱,整周模糊度比较难固定。为了突破距离限制,降低作业成本,减少流动站用户定位的初始化时间,人们又提出了网络 RTK 技术。网络 RTK 技术利用基准站的观测值建立区域误差改正模型,根据区域误差改正模型可计算出区域内流动站用户观测值的误差改正数,流动站用户的观测值经过误差改正之后,实现离基准站 50~100 km 作业距离的厘米级实时动态定位。连续运行参考站(CORS)系统已经在美国、加拿大、德国、日本等国建立起来,我国许多省市也建立起了自己的 CORS 系统。

常规 RTK 技术和网络 RTK 技术可以实现实时厘米级高精度定位,但是受到基准站与流动站间距离限制。精密单点定位(Precise Point Positioning,PPP)技术作业只需利用单站 GNSS 接收机即可实现全球任何地点任何时间的厘米级定位。PPP 这一概念最初是由 JPL 的 Zumbeger 等提出的,并在数据处理软件上给予实现。实时精密卫星轨道和精密卫星钟差是实时精密单点定位的基础。

基于广域实时精密定位系统播发的高精度 GNSS 实时卫星轨道,实时卫星钟差和实时电离层产品等差分信息,用户利用载波相位观测值可以实现分米级的双频实时动态定位以及亚米级的实时单频动态定位。与双差定位模式不同的是,PPP 定位需要利用完善的误差模型对各项误差加以改正。由于载波相位观测值存在整周模糊度的问题,定位初始阶段主要依于伪距观测值的精度,PPP 通常需要十几分钟甚至几十分钟才能收敛。PPP 收敛时间长和模糊度固定困难是制约 PPP 技术应用的主要原因。

为了提高用户的生产效率,人们提出了 PPP 区域增强技术——PPP RTK。它在提供给用户实时精密轨道和钟差的同时,利用区域基准站网的观测数据计算区域的非差大气改正参数(对流层和电离层)和模糊度固定信息,通过通信链路传递给用户使用,消除和削弱用户端大气延迟等误差的影响,实现用户端模糊度的快速固定,从而提高用户的定位精度和减少收敛时间。

北斗卫星导航系统(简称北斗系统)作为我国独立自主建设和发展的卫星导航系统,它的建设遵循"三步走"的发展战略,2000年,建成北斗一号系统,向中国提供服务;2012年,建成北斗二号系统,向亚太地区提供服务;2020年,建成北斗三号系统,向全球提供服务。最终目标是建成独立自主、开放兼容、技术先进、稳定可靠、覆盖全球的导航系统。计划2035年,以北斗系统为核心,建设完善更加泛在、更加融合、更加智能的国家综合定位导航授时体系。从2007年4月13日北斗系统首颗卫星发射,到2012年12月27日正式对亚太地区提供定位、导航、授时服务,北斗二号系统总共发射了16颗卫星。北斗区域卫星导航系统有14颗卫星在轨运行,包括5颗倾斜同步轨道卫星(Inclined Geosynchronous Satellite Orbit,IGSO)、5颗静止轨道卫星(Geostationary Earth Orbit,GEO)以及4颗中圆轨道卫星(Medium Earth Orbit,MEO)。在2020年前后,完成全球组网工作,北斗卫星导航系统星座由5颗GEO卫星、3颗IGSO卫星和27颗MEO卫星组成。5颗IGSO卫星轨道面倾角为55°,5颗GEO卫星位于赤道上空东经58.75°、80°、110.5°、140°、160°,MEO卫星均匀分布在相隔120°的3个轨道面上。与GPS、GLONASS和GALILEO相比,北斗卫星导航系统是世界上首个集定位、授时和报文通信为一体的卫星导航系统,不仅解决了"何人、何时、何处"的相关问题,而且可以实现位置报告、态势共享。

GNSS实时精密定位系统数据传输方式主要包括移动通信网络、高频(HF)、甚高频(VHF)、超高频(UHF)无线电发送设备、无线电信标台、调频(FM)电台以及卫星通信。在某些特定环境(如山区、丛林、荒漠、地震灾区、远海等),移动通信网络不能进行有效覆盖,常规的无线通信设备由于遮挡也很难保持系统与用户间通信联络畅通,而且租用卫星通道费用极其昂贵。北斗卫星导航系统的短报文通信功能可以很好地解决这个问题。北斗一号系统已经在边防巡逻、作战指挥、训练演习、后勤保障、森林防火、渔政渔业、水文监测、抢险救灾等方面发挥了重要作用。因此,研究如何利用北斗卫星导航系统,实现用户的实时高精度定位,降低特殊环境下用户的使用成本,对推广北斗卫星导航系统的应用具有重要的意义。

1.2.2　GNSS 系统精密定位应用

目前,比较有代表性的广域实时精密定位系统有:美国的广域增强系统(Wide Area Augmentation System,WAAS),欧洲的静止卫星导航重叠服务系统(Eope Geostationary Navigation Overlay Service,EGNOS),俄罗斯的差分校正和监测系统(System for Differential Corrections and Monitoring,SDCM),印度的 GPS 辅助对地静止轨道增强导航系统(GPS Aided Geo Augnented Navigation,GAGAN),以及日本的多功能卫星星基增强系统(Multi-functional Satellite Augmentation System,MSAS)。

WAAS 是由美国联邦航空局(Federal Aviation Administration,FAA)和交通运输部于 1992 年联合建立的星基增强系统。2003 年,WAAS 正式提供服务,信号覆盖美国、加拿大和墨西哥。WAAS 参考站网由美国国家航空系统的 38 个广域参考站(Wide-area Reference Stations,WRS)组成。这些参考站将伪距和电离层观测值发送给 3 个广域主控站(Wide-area Master Stations,WMS)。主控站利用这些数据生成每颗卫星的向量改正数,包括卫星轨道、卫星钟差以及电离层改正数信息。地面上传站将这些改正数信息按照 RTCA 数据格式上传至 2 颗 GEO 卫星,并转发给 WAAS 用户使用。

EGNOS 是由欧洲空间局、欧盟委员会和欧安局联合创建的星基增强系统,于 2009 年 4 月开始运行。信号可以覆盖整个欧洲和北非地区。它由 34 个完好性监测站(Receiver Integity Monitors,RIM)、3 颗GEO 卫星、4 个任务控制中心(Mission Control Center,MCC)和 6 个导航地面站(Navigation Local Earth Stations,NLES)组成。与 WAAS 类似,同时提供 GPS 和 GLONASS 的完好性和广域差分服务(精密轨道、钟差和电离层改正数）。GEO 卫星向欧洲地区用户播发完好性和广域差分信号。

MSAS 是由日本空间局和国内航空部门联合创建的星基增强系统，用来增强 GPS 系统，为飞行器提供导航服务，覆盖范围为亚太地区。MSAS 于 2007 年开始运行。系统由 2 个主控站（Master Control Stations，MCS）、4 个地面参考站（Ground Monitor Stations，GMS）、2 颗 GEO 卫星、2 个测距监测站（Monitor and Ranging Stations，MRS）等组成。

SDCM 始建于 2002 年，用来提高 GPS 和 GLONASS 系统的精度和完好性。SDCM 可以提供平面 1~1.5 m、高程 2~3 m 的定位服务。信号覆盖范围包括俄罗斯全境以及中、东欧部分地区。主要由 8 个完好性监测站（Reference Integrity Monitoring Stations，RIMS）、3 颗 GEO 卫星、1 个处理中心（Processing Center，PC）组成。

GAGAN 是由印度空间研究组织和机场管理局联合建立的 SBAS 系统，覆盖区域包括印度全境、孟加拉湾、中东和东南亚部分地区。

2000 年以来，国内外许多研究机构和公司开展了广域实时精密定位技术的研究，建立了一系列的广域实时精密定位系统。

美国喷气动力试验室（Jet Propulsion Laboratory，JPL）提出了全球差分 GPS 系统（Global Differential GPS，GDGPS），并开发了实时精密定轨软件 RTG（Real-time GIPSY）。它可以提供全球亚分米级（<10 cm）的定位和亚纳秒级的时间传递服务。GDGPS 已经为政府和工业提供了关键的定位、导航和授时服务。它所涉及的关键技术是 WAAS 及下一代 GPS 运控部分（Operational Control Segment，OCX）的基础。GDGPS 可以提供 GPS、GLONASS 和北斗卫星导航系统的实时精密轨道和钟差产品以及观测数据服务。2016 年底，提供 GALILEO 系统的实时服务。

StarFireTM-RTG 系统是美国 NavCom 公司建立的，用 JPL 实时定轨软件 RTG 实现的全球实时精密定位系统，其地面基准站网络由 57 个测站组成，由美国国家宇航局（NASA）和 JPL 共同建立维护。通过对地面基站的数据进行处理,将差分改正信息注入国际海事卫星 lnmarsat,然后向全球范围发布差分信号。该系统覆盖范围为南、北纬76°间的所有区域,水平定位精度 10 cm,高程定位精度 20 cm。该系统要通过特许经营商付费使用,这样限制了用户的使用范围。

美国 Trimble 公司建立了自己的高精度实时 GNSS 服务系统(Center Point RTX Service)。Trimble 公司在全球建立了 107 个 GNSS 跟踪站。系统运行控制中心利用这些数据计算 GNSS 卫星的精密轨道和钟差改正信息,并通过地球同步卫星对外进行播发,覆盖范围主要为北美中部地区。2011 年 10 月,开始通过互联网对澳大利亚用户提供服务。水平定位精度为 1 cm、2 cm,高程定位精度为 2 cm。接收机启动后初始化时间为 140 min。当利用区域基准站网对 RTX 服务系统进行区域增强时,即利用区域基准站数据求解出模糊度固定信息和大气延迟改正信息,然后通过地球同步卫星或者互联网播发给用户,可以实现用户 PPP 的快速收敛,极大地提高了用户的作业效率。

美国 Fugro 公司于 2009 年开始启动全球精密定位服务系统。利用全球 40 个均匀分布的 GNSS 实时跟踪站,欧洲空间操作中心(ESOC)为其提供卫星实时精密轨道和精密钟差产品,并通过地球同步卫星播发增强改正数,为海上专业用户提供厘米级精度的高可靠性服务。现在 Fugro 公司的 GNSS 实时定位服务已经发展了 3 个版本,分别为 G2(GPS+GLONASS)、G2+(GPS+GLONASS,PPP-IAR)以及 G4(GPS+GLONASS+BDS+GALILEO,PPP-IAR)。

2001 年,IGS 专门成立了实时工作组(Real-Time Working Group,RTWG)。2002 年,在加拿大渥太华举行的"面向实时"主题的工作组会议上,IGS 实时工作组正式确定了实时服务系统(Real-Time Service,RTS)的开发框架。2007 年 6 月,IGS 发起实时试验计划(IGS Real-Time Pilot Project,IGS-RTPP),参与机构主要包括加拿大自然资源部(Natural Resources Canada,NRCan)、欧洲航天局地面控制中心(European Space Operations Center,ESOC)、德国联邦测绘局(Geo Forschungs Zentrum,GFZ)等多家知名研究机构,计划于 2007~2010 年

开展实施。2011 年 8 月,IGS 实时工作组宣布该计划已经初步具备了运行能力,开始对外发布基于 RTCM 格式的 GNSS 观测数据、精密轨道和精密钟差的实时产品。2013 年 4 月 1 日,IGS 实时服务系统正式对外提供服务。IGS 实时服务系统全球跟踪站网由超过 160 个测站组成。随着全球卫星导航系统的发展,2011 年,IGS 成立了多 GNSS 工作组(Multi-GNSS Working Group),发起了多 GNSS 试验计划(Multi-GNSS Experiment,MGEX),建设之初包括 66 个多 GNSS 跟踪站,大部分跟踪站都能提供实时数据流。MGEX 主要包括有 6 种接收机类型、7 种接收机天线类型。IGS 实时服务系统于 2017 年底完成,实现基于 GPS、GLONASS、北斗系统、GALILEO 以及 QZSS 的多 GNSS 实时数据处理开发工作,并对外提供多 GNSS 实时服务。

我国建立的国际 GNSS 监测评估系统(international GNSS Monitoring and Assessment System,iGMAS)由 1 个运行管理控制中心、1 个监测评估中心、3 个数据中心、10 个分析中心、1 个产品综合与服务中心、30 个跟踪站和通信网络组成。3 个数据中心包括武汉大学数据中心、国防科技大学数据中心和中国科学院授时天文台数据中心,可以对外提供实时数据流服务。iGMAS 分析中心参与单位有武汉大学、中国科学院上海天文台、中国科学院测量与地球物理研究所、解放军信息工程大学、长安大学、中国测绘科学研究院、北京航天飞行控制中心、北京空间信息中继传输技术研究中心、西安卫星测控中心以及中国航天科技集团第九研究院。各个分析中心已经开始提供高精度多模 GNSS 卫星轨道、钟差、电离层、码偏差和完好性等产品。iGMAS 已经着手建立自己的实时服务系统,各个分析中心现在主要工作已经转向多模 GNSS 实时精密轨道、钟差和电离层等实时产品的开发上面。

多 GNSS 融合可大大地增加观测到卫星数目,改善卫星星座几何结构,提高用户定位准确性和可靠性。已有的实时精密定位系统都在朝着多 GNSS 实时服务方向前进,因此开发多 GNSS 融合的实时数据处理能力具有重要的意义。

1.2.3　GNSS系统精密定位在水利工程中的应用

（1）GNSS在大坝工程变形监测中的应用。

大坝及其周围地区的变形监测直接关系到大坝及建筑物的安全运营和周边地区的生态环境、人民生命财产的安危。安全可靠的时空监测预警体系可以避免灾难的发生。及时发现大坝由于自然事故或大型建筑物引发的变形,就能够挽救生命,减少经济损失,避免严重的环境破坏。大坝由于水负荷的重压可能引起变形,需要对大坝的变形进行连续而精密的监测。水坝在侧向水压力的作用下,会产生位移,当位移大到一定程度的时候会造成大坝的崩溃。一旦发生崩溃将产生无法估计的经济损失,更会危及到下游的广大人民群众的生命安全,因此必须建立有效的监测系统。GNSS精密定位技术作为大坝外部观测的手段之一,不仅可以满足大坝变形监测工作的精度要求[$(0.1\sim1.0)\times10^{-6}$],而且更有助于实现监测工作的自动化。目前国内外许多大坝在这方面都进行了有益尝试。

据有关报告,最早把这一系统应用在大坝变形观测上的是瑞士的Naret大坝。研究报告指出,安装在大坝将近5 km轴线上的固定永久GPS监测仪器精度在水平方向上达到了毫米,垂直方向上的精度为1~2 mm。虽然短期的相关应用分析不能揭示数据的长期分布,但仍然显示了GPS获取高精度的大坝监测数据的价值。与传统的大坝安全变形观测技术相比,如铅垂线、光学测量仪器和激光准直系统等,GPS设备有许多吸引人的优点。GPS只需固定在一个地方而不需要去读数,GPS测量的数据是三维的,因此它能提供大坝在垂直方向和水平方向的变形信息。同样重要的是,GPS系统非常适合于自动观测。由于大坝管理人员正致力于劳动力的精简,因此自动装置就显得越来越重要。许多常规的监测系统要求频繁地读数来提供精确的数据,而且有些还要每年拆卸和花费大量时间进行数据后处理。结果是关键的数据往往需要几星期、几个月甚至几年才能得到评估和分析。而GPS自动监测系统消除了这些问题,并且在许多情况下能作为大坝监测很好的补充。

20 世纪 90 年代中期加利福尼亚南部的 Pacoima 大坝使用 GPS 进行监测。Paconima 大坝是 1928 年建成的高达 113 m 的防洪混凝土拱坝,是当时世界上最高的大坝。它已经经受住了 1971 年 San Fernando 和 1994 年 Northridge 地震的严重破坏。大坝上布置了两个 GPS 测点。一个安装在大坝左肩止推座混凝土操作间的屋顶上;另一个安装在了距拱坝中心约 100 m 的地方。还有一个基准点安装在了距离大坝 2.5 km、高度高出大坝 160 m 的山顶上。经过处理 3 年来得到的数据,研究人员发现大坝拱顶每年都有一个沿上下游移动的周期变化规律,运动幅度为 15~18 mm。这组数据也使研究人员开始分析大坝年周期运动与短期温度变化之间的关系。

美国陆军工程师协会和 Condor 公司于 2002 年 2 月在蒙大拿州西北的发电能力为 525 MW 的 Libby 水电站大坝上安装了一套 3D trackter 实时 GPS 监测系统。Libby 大坝位于库特奈河,坝体为混凝土重力坝,是美国陆军工程师协会在哥伦比亚流域大坝管理网中的一部分。这个监测系统包括布置在大坝坝顶的混凝土桩上的六个测点和两个 GPS 基准点。一个 GPS 基准点位于大坝左肩的山顶上,另一个 GPS 基准点位于大坝右肩上游与坝顶海拔基本相同的一块隆起的岩石上。这样操作人员能够很容易地给大坝上的每个测点分别建立两条独立的基线,同时也能通过解算两基准点间的基线完整地观测基准点。基线的长度从 100 m 到 1 km 不等。实时数据可以在位于 Libby 大坝的仪器室直接处理,也可以通过局域网传输给西雅图的美国陆军工程师协会办公室。GPS 实时观测得到的数据水平观测和垂直观测的精度为 2~4 mm,24 h 时段观测精度能达到 1~2 mm。这些数据与通过其他技术(包括铅垂线和裂缝计)观测得到的数据相比较,第一年的观测结果显示 GPS 和铅垂线数据吻合得都非常好。

在我国比较有代表性的是清江隔河岩大坝外观变形 GPS 自动化监测系统,它集 GPS 定位技术、数字通信和计算机网络技术、自动控制技术、精密工程测量技术及现代数据处理技术等高新技术于一体,成功地将 GPS 定位技术用于大坝外部变形的长期连续实时监测,有着显著的社会效益和经济效益。该系统由 2 个基准站和 5 个监测点组成,由数据采集、数据传输、数据处理与分析等子系统构成,1998 年开始运行。其 6 h 的监测点水平方向精度为 0.5 mm,高程方向精度为 1.0 mm;2 h 的精度水平和高程方向分别为 1.0 mm、1.5 mm。其精度足可以满足大坝监测的需要。该系统的建立为我国大坝外部观测实现现代化、自动化奠定了基础。该系统在 1998 年抗洪抢险中发挥了巨大的作用,取得了显著的社会效益和经济效益。

可见,对于像水库大坝这样的巨型、重要精密的构筑物等,需要实时掌握其稳定状态,采用 GPS 技术进行实时动态监测,是非常有效的。由于要实时通信,就需要有可靠的数据传输系统;要达到高精度监测,就需要高质量的接收装置、科学的数据处理方法,监测的一次投入成本和长期监测运作成本就相当高。由于 GPS 监测需要场地开阔,在一定程度上限制了 GPS 技术在大坝监测中的应用,在混凝土坝只能用于坝顶的监测。但由于其可以实现连续自动监测,可以获取大坝连续长期的运行信息,可以作为常规外观观测的补充。

坝区及周边区域的地壳变形、构造和断层的变形、坝区周围地震的预测、水库蓄水对库区周围地层的影响等对大坝的安全监控有重要意义,因此有必要建立大范围的库区安全监控网,进行定期或不定期的观测。大地测量方法在大坝安全监测中发挥了巨大作用,建立大坝观测基准网,通过周期性地监测为大坝各种监测系统提供统一稳定的基准。常规的测量方法是建立高精度的三角网与水准网。实践证明,常规的测量方法无论从精度上还是工作效率上都严重受地形条件的限制,为了获取相对精确的绝对位移必须使基准点远离变形区,分级布网传递基准使精度降低,同时工作效率也大大降低。而且传统方法平面、高程分开监测,不利于从整体上对变形体进行分析。常规大地测量方法中不可避免的大气折光、基准点的不稳定可能会造成错误的分析结果。鉴于 GPS 技术具有速度快、全天候、三维观测等诸多优点,广大科技工作者纷纷尝试利用 GPS 技术建立各种精密工程控制网,如大坝安全监测控制网、大型桥梁控制网等,这些控制网要求在特定的环境下达到高精度(点位中误差 2~5 mm),如大坝安全监测网,由于大坝一般位于两边高中间低的山区,控制点一般布设于两边山体上,卫星信号不能对天全方位开阔,另外坝区电线密布,山体、库水体、电磁场等形成 GPS 接收机的多路径信号源,成为影响 GPS 定位精度的主要因素,在特定的环境下,如何消除多路径影响,提高 GPS 的定位精度,是 GPS 数据处理的一项关键技术。

在这方面,河海大学在陈村、葛洲坝、小浪底、天荒坪等大坝上做了一些试验与研究,结果表明 GPS 静态相对定位经过一些特殊的观测技术与数据处理可以满足大坝监测的需要。伍志刚分析了 GPS 在于桥土石坝的应用情况,结果表明 GPS 静态相对定位可以用于土石坝的变形监测。监测网主要目的是建立大坝及建筑物变形监测工作基点。通过定期观测以便确保其稳定性,并作为各变形点的起算点。

(2)GNSS 在滑坡监测中的应用。

滑坡是一种常见的地质灾害,也是世界范围内最严重的灾害之一,水利、交通及资源开发等工程项目的大量实施以及自然环境变化影响,会破坏山体原有的力学平衡,使原已稳定的滑坡重新开始滑动,或者产生新的滑坡,滑坡造成的灾害大量增加,对人民生命财产和国民经济造成巨大损失。像长江三峡这样的大型水利工程导致水位的升高会引起山体滑坡已引起有关部门的高度重视。为避免人员伤亡与财产损失,对滑坡进行监测、建立预警报警系统尤为重要。滑坡监测是为了获取滑坡体变形信息,分析滑坡体形变情况与规律,进而结合地质资料进行滑坡变形趋势预报。

滑坡监测包括滑坡体整体变形监测,滑坡体内应力应变监测、外部环境监测、如降雨量、地下水位监测等。而变形监测是其中的重要内容,也是判断滑坡最为重要的依据。滑坡监测需要综合多种方法进行,以往变形监测方法是用常规大地测量方法,即平面位移采用经纬仪导线或三角测量方法,高程用水准测量方法。20 世纪 80 年代中期出现全站仪以后,利用全站仪导线和电磁波测距三角高程方法进行变形监测。但上述方法都需要人到现场观测,工作量大,特别在南方山区,树木杂草丛生,作业十分困难,也很难实现无人值守监测。GPS 卫星定位系统出现后,由于 GPS 具有全天候、实时、连续性和高精度等特点,测站间又不用通视,作业效率高,劳动强度低,更适用于山区滑坡监测。采用静态相对定位技术,其精度可以达到毫米级。另外,采用 GPS 进行滑坡监测,还可以利用无线通信进行远距离数据传输和监控,这对于危险地区滑坡监测更为有利。

为探索 GPS 在三峡库区滑坡监测中的应用,武汉大学 1999 年 2～7 月在库区 12 个滑坡体上,开展 GPS 观测时最佳时段、最佳时段长度、最佳截止高度角、最佳基准点数及分布,选用星历、解算软件、快速静态定位,GPS 与 GLONASS 组合定位,不同气象参数等项试验与研究。实践证明,完全可用 GPS 代替常规的外观测量方法,且在精度、监测速度、时效性、效益等方面都有明显的优势。

中国长江三峡工程开发总公司投资 1 000 余万元建成了长江三峡工程地壳形变监测网络,是长江三峡环境监测项目之一。其主要目标是要在宜昌至巴东的三峡库段及其相邻区域建成一个空间上点、线、面结合,时间上长、中、短兼顾,综合多种观测手段的区域地壳形变监测网络,为水库诱发地震预测预报及研究服务。获取三峡库区特别是库首区蓄水前区域地壳形变和应变场的背景资料,水库蓄水后监测工程施工与运行过程中库首区的区域形变和应变场的动态变化;定期和不定期地监测重点工作区内主要活动断层的运动及其变化;连续监测工程重点部位的地壳形变。为此引进了当今世界上多种行之有效的先进地壳形变监测手段,采用了高精度的 GPS、INSAR 空间大地测量技术、精密水准测量、精密重力测量、精密激光测距和峒体连续形变监测技术等,构成多种技术相互结合、互为补充的区域高精度、高时空分辨率的地壳形变监测网络。其中,区域水平形变网由 3 个 GPS 连续观测站和 21 个流动 GPS 观测站组成。

中国科学院力学研究所近期在清江隔河岩水库茅坪滑坡设立有 14 个 GPS 地表监测点。为了掌握万州区各个滑坡变形的特点,给有关基础设施建设提供选址依据,2000 年建立了三峡库区重庆市万州区地质灾害监测预警系统,库区有 30 余处滑坡纳入监测之中,每个滑坡上有 3~6 个不等的变形监测点,建成了由 120 个流动站组成的 GPS 滑坡变形监测网。

河海大学采用 GPS 一机多天线技术监测小湾水电站 2# 山梁高边坡。建立了由数据采集、数据传输、监控中心、数据处理与形变趋势分析及预警五个子系统组成的高边坡 GPS 远程安全监测系统,利用快速静态定位技术、滤波技术和可视化技术,快速准确地观测和预报了 2# 山梁边坡的变形信息。利用 GPRS 实现了 GPS 原始数据和现场视频信息无线传输至控制中心,使在安全区域的控制中心能及时分析和决策。该 GPS 远程自动化安全监测系统,为边坡、大坝的安全监测开辟了新思路和新模式。

在差分定位解算方面,国外的 Geo++、Leica、Trimble 等测量仪器公司开发了 GPS 变形监测系统,得到了广泛应用。国内千寻位置基于北斗卫星导航系统基础定位数据,能够提供静态毫米级的定位服务产品,为基于北斗的数据解算提供了解决方案。

1.2.4 水利工程安全评估

1.2.4.1 评价方法

影响大坝安全的因素多而复杂,有各种定量与非定量因素,通过监测获得这些影响因素的数据,然后运用一定的方法对已经掌握的历史资料数据进行综合处理分析,综合考虑这些因素数据所蕴含的信息,以此来评价大坝所处安全状态,评判大坝等水工建筑物的工作性态是否满足现行规程、规范、标准和设计文件的要求。

分析大坝原型监测资料,对大坝安全性态进行分析评价是大坝安全评价的一个非常重要的环节,也是一个十分活跃的前沿性研究领域,一些学者多年来在此领域做了许多有益的探索,取得了一定的成果。廖文来等以集对分析理论为基础,针对影响大坝安全的诸多不确定因素问题,从同、异、反三个方面综合考虑事物确定与不确定因素的优势,建立了基于集对分析理论的大坝安全评价模型。江沛华等以模糊理论为基础,鉴于大坝安全评价中各指标的不确定性以及一般安全评判方法中采用"常权法"确定权重的不合理性,建立了基于变权的多层次模糊综合评价模型,并将其应用于大坝安全评判中。刘强等以灰色模糊理论为基础,将隶属度和灰度相结合,用层次分析法计算权重,建立了基于灰色模糊理论的大坝安全多层次综合评价模型。闫滨等以神经网络原理为基础,通过对给定学习样本即影响大坝安全因素数据的学习,获取学习样本中所蕴含的对目标重要性的倾向及评价专家的知识、经验、主观判断等信息,从而对大坝做出比较合理的安全评价。该评价方法较好地保证了评价结果的客观性,为综合评价大坝安全提供了一种较为科学合理的方法。其中,物元可拓模型是以物元理论和可拓集合论为基础建立起来的一种新型建模方法,为解决这类多指标的决策问题提供了一种有效的工具,应用物元变换方法将不相容问题转化为相容问题,通过建立事物对指标性能参数的质量评定模型,运用关联函数表示元素与集合相关程度属性,进而通过关联度对事物等级进行评判。

物元可拓评价方法是用于解决不相容问题的一种基本方法,随着可拓学的发展,已经有众多学者将物元可拓理论运用到其领域内用于解决传统数学难以解决的矛盾问题,其中,有学者将其运用到大坝安全评价中,为大坝安全综合评价从定性评价到定量评价、从单指标评价向多指标评价提供了一条全新的、更为科学合理的思路和方法。王志军等利用某连拱坝运行过程中监测所获得的顺河向水平位移、裂隙开合度和基础沉降等数据,建立起了大坝安全评估的可拓模型,用于评价大坝的安全等级。何金平等以大坝安全监测资料为基础,从大坝结构特性和大坝安全监测项目的角度,提出了一个普遍意义下的大坝安全综合评价指标体系,建立了大坝安全物元可拓综合评价模型,并以综合评价体系中的"变形"为例,给出了一个物元可拓综合评价算例,为大坝安全综合评价从定性评价到定量评价、从单指标评价向多指标评价提供了一条全新的、更为科学合理的思路和方法。王少伟等针对物元模型中存在的相邻评价等级所对应的关联度差值不相等、节域端点对于多个评价等级的关联度相同等问题,构建了新的关联度计算函数,并将该改进物元可拓模型用于大坝安全综合评价中,实例分析验证了其改进模型的合理性。杨贝贝等以物元可拓理论为基础,用熵权法与 AHP 相结合的方法确定权重,建立了用于大坝安全监测系统评价的物元可拓模型,并以监测系统评价体系中的"自动化系统可靠性"为例,给出了一个安全监测系统工作性态评价算例,为监测系统工作性态评价提供了一个新的综合方法。

1.2.4.2　评估模型

对水利工程而言,影响其安全运行的因素多而复杂,我国传统的水利工程安全评估一般采用阶段性评估的方式,收集工程的历史数据,评估该阶段水利工程的安全情况。随着计算机技术的快速发展,水利工程监测资料的分析研究也取得了很大的进步,统计模型、确定性模型及其混合模型在生产实践中得到了广泛应用。

在获得大坝安全监测资料的基础上,运用大坝安全监控模型对资料数据进行分析,以建立定量描述大坝效应量与环境量之间关系的数学表达式,然后运用安全监控模型预测大坝等水工建筑物未来某一段时间的运行状态,对于保证大坝安全有着十分重要的意义。

20 世纪 50 年代以前,对大坝监测资料的研究与分析就已经开始发展起来了,其主要工作是对测值的定性描述和解释。1955 年,已经有学者在定量分析大坝变形监测资料时,开始运用统计回归方法,其中以葡萄牙的罗卡(Rocha)和意大利的法那林(Fanelli)为代表。1977 年,法那林等将有限元理论运用到大坝监测资料分析中,提出了大坝变形的确定性模型和混合模型。日本在安全监测领域这一块分析研究的较为深入,其中中村庆一等从对位移产生影响的众多因素中挑选出影响比较显著的因子,首次在监测资料分析中引进了多元回归分析方法,并检验了回归方程的有效性,他们的研究推动了大坝安全监测模型的快速发展。

在大坝安全监测领域我国的分析研究工作起步相对较晚,对大坝运行状况的分析一开始只是通过简单的线性方程和简单统计来完成的,都是只以定性描述为主。到了 20 世纪 70 年代,陈久宇等开始在分析大坝安全监测资料时应用统计回归,通过对成果分析中的因果关系和时效变化的研究,提出了时效变化的多种模型,比如对数模型、指数模型、线性模型等。等到了 20 世纪 80 年代,吴中如等提出了坝顶水平位移的时间序列分析法、裂缝开合度统计模型的建立和分析方法以及连拱坝位移确定性模型的原理和方法;还从徐变理论出发推导了坝体顶部时效位移的表达式,用周期函数模拟温度、水压等周期荷载,并用最小二乘法进行参数估计,这些方法都在实际工程中得到了成功应用,此外,还通过三维有限元渗流分析,建立了渗流测点的扬压力、绕坝渗流测孔水位的确定性模型,用于分析和评价大坝基础及岸坡的渗流性态。在我国大坝安全监测领域,这些方法的提出和应用对推动监测模型的研究和发展起到了十分重要的作用。

随着计算机技术的快速发展,大坝监测资料的分析研究也取得了很大的进步,统计模型、确定性模型及其混合模型在生产实践中得到了广泛的应用。大坝监测资料的分析研究工作随着科学技术不断快速发展也在不断向前发展,其中,在实际工程中运用最广泛的就是三大传统监控模型,即统计模型、确定性模型及其混合模型。其中,统计模型是采用数理统计方法建立大坝效应量与影响因素之间的数学关系;确定性模型是通过物理力学计算结果,构建大坝因变量和影响因素之间的确定性关系,并利用实测值,采用数理统计方法对计算中的假设、误差或参数进行调整,并建立数学关系式;混合模型是统计模型和确定性模型的组合,对可以明确关系的效应量与影响因素建立确定性模型,对难以确定的效应量与影响因素关系建立统计模型。这三类模型都在具体工程中得到了成功的应用。

20 世纪 80 年代以前,由于当时的科学技术及计算机技术发展缓慢,大坝安全监测工作受到建模技术的限制,因此为了研究问题的简单化和方便化,常常采取将非线性问题视为线性化的简化方式来建立安全监测模型,其中最具有代表性的模型就是三大传统监测模型(统计模型、确定性模型和混合模型)。但是在实际应用过程中发现,这种简化方式不仅会造成一定程度的误差,而且对于大坝安全监控这一非线性动力系统,简化后的监测模型很难模拟出来。

科学技术和计算机技术的快速发展为大坝安全监测资料分析奠定了坚实的基础,同时也提出了更高的要求,传统的三大监测模型已不能满足人们的需求,现在迫切需要一种能解决复杂非线性问题的方法和理论出现。20 世纪 80 年代以来,随着非线性科学技术的发展,越来越多的新技术、新方法和新理论不断地被提出,比如 Kalman 滤波、小波分析、神经网络等各种理论与方法,已有众多学者将它们运用到大坝安全监控模型研究分析中来,极大地丰富了建模的手段和方法。

传统监测模型已很难解决大坝安全监测中的复杂非线性问题,而非线性科学的发展为解决这类问题提供了理论和方法。其中,BP 神经网络模型为我们提供了新的思路,它具有自学习和较好的非线性逼近能力,最适合解决这类复杂非线性问题。在安全监测工作中,BP 人工神经网络由于其自学习、自组织、自适应性的能力特征,能够在输入因子与输出因子的数学关系不明确的情况下,对安全监测的数据进行分析,并具有很好的容错性,这些是许多情况下安全监测领域所需要的。因此,人工神经网络在这一领域有着十分广泛的应用前景。

1.3　存在的问题

水利工程尤其是中小型水利工程,如何补齐水利信息化与自动化的短板,提高水利部门对工程管理的监督管理能力,是我国现阶段水利发展的重点之一。然而,一方面部分水利监测自动化实施难度较高(如外部变形监测自动化),同时监测精度有限;另一方面中小型水利工程能够投入的相关资金也有限,因此若能构建一套既实现全面自动化监测与管理的系统,投资又能控制在较低水平,将能从很大程度上补齐水利信息化与自动化短板,提高工程的监管能力。

传统的水利工程变形监测方法主要是大地测量的方法,主要靠全站仪、水准仪等设备采用人工测量的方法进行位移沉降的监测工作。这种方法具有精度高、资料可靠、适用于不同的变形体和不同的工作环境等优点,但是工作量大、效率低、受外界影响、要求监测点之间通视、较难实现自动化观测,同时这种测量方法对人员的要求也比较高。

水利工程通常处于偏远地带,运营商网络信号无法完全覆盖或信号较弱,尤其安装在渗压井、电缆沟里的设备信号差,数据传输困难,使用运营商网络增加流量费用、设备功耗较大。同时,由于水利工程建设的周期一般较长,参建单位也较多,在工程建设过程中监测工作的实施往往根据主体工程的进度逐步开展,前期无法进行自动化监测,中期供电、通信线缆又容易被其他施工单位破坏,运行期供电、通信线缆容易遭到老鼠、雷击等破坏,这给工程监测的运行和维护带来了诸多不便。

随着物联网技术的发展,水利工程的监测数据频次越来越高,种类越来越多,传统的处理方法已无法满足现代技术的发展。水利工程安全综合评价方法及安全监测评估模型在国内外都有较多的应用,但目前对水利工程安全评估的研究还存在着一些问题:

(1)多数仅考虑水利工程安全监测系统的相关监测数据,而没有综合运用包括水情、气象以及视频图像等监控数据,较少利用多学科多领域进行综合性的安全评估。

(2)自动化监测系统采集到的数据一般都直接入库,缺少对数据的质量控制,出现数据异常需要人工进行分析,发现由于监测设备问题造成的异常数据需进行人工剔除。这种工作模式一方面会消耗大量的人力,尤其是在系统规模较大、数据量较多的时候工作量非常大;另一方面对相关工作人员的技术和经验要求较高,同时容易出现漏判等人工差错。

(3)目前对水利工程进行安全评估大多是根据已经获得的监测资料,对工程过去某时段或者现状进行安全评估,而对于未来一段时间水利工程可能的安全状况评估分析较少。在实际工作中随着时间的推移,水利工程的安全状况也随之变化,因此不仅需要掌握其现状的安全性,同时需要了解未来一定时段内的运行状态,实现安全趋势分析。同时虽然单个参数的评估可以做到实时评估,但综合多学科多参数的水利工程安全评估大多为静态评价,不能实时进行工程安全评估工作。

1.4　研究内容与目标

研究目标如下：

（1）开发基于北斗系统的低成本、一体化变形监测产品，形成新产品 1 项。产品水平测量误差不大于 3 mm，垂直测量误差不大于 5 mm，整机功耗不大于 30 W。

（2）建立基于无线传输的水利工程安全监测网络，实现对渗压、渗流、水雨情等多源信息的综合监测，形成新技术 1 项。网络覆盖范围不小于 5 km。

（3）构建基于神经网络的水利工程安全评估模型，形成新技术 1 项。实现对水利工程的安全现状评估及安全趋势预测。

（4）建立水利工程监管云平台，实现工程运行状况信息实时显示，工程安全评估结果实时发布，提高工程监督管理水平。

研究的范围与内容如下：

（1）开展基于北斗差分定位的水利工程变形监测技术研究。

研究基于北斗差分定位的水利工程变形监测技术，研究基于北斗卫星系统的高精度解算方法，解决实时更新星历数据、对原始观测量滤波去噪，消除北斗实时观测和动态解算过程中的多种随机误差、严格控制北斗基准站和监测站的时间同步等技术难题，并针对水利工程变形监测的特点，研究可靠的数据处理方法，设计开发一体化位移监测产品，实现低成本的解决方案。

（2）开展基于无线传输的水利工程安全监测组网技术研究。

研究基于 Zigbee、LoRaWAN、NB-IOT 等的自组网技术，构建低功耗、广覆盖的水利工程安全监测网络；研究基于无线网络的一体化渗压、渗流、水雨情监测设备，实现多源数据的分布式监测。

（3）开展基于多元融合数据的水利工程安全智能评估技术研究。

研究多源监测数据的在线分析和快速整编技术，实现对实时监测数据的质量控制；构建基于神经网络的水利工程安全评估模型，实现对水利工程的安全现状评估及安全趋势预测。

1.5　研究方法与技术路线

1.5.1　基于北斗卫星差分定位技术的水利工程变形监测研究

　　水利工程变形监测技术包含了数据自动采集模块、太阳能供电模块、无线数据传输模块、数据处理与分析模块等。研究最新的无线通信技术,确保监测设备实时更新星历数据,研究北斗基准站和监测站的时间同步算法,确保两者采用相同时刻的北斗数据进行解算;研究原始数据处理技术,对原始观测量滤波去噪,消除北斗实时观测和动态解算过程中的多种随机误差,实现高精度位移监测。

1.5.2　基于无线传输的水利工程安全监测组网技术研究

　　研究 Zigbee、LoRaWAN、NB-IOT 网络的时间协同机制、数据转发协议及智能休眠策略,确定不同工况的无线组网模式,构建低功耗、广覆盖的水利工程安全监测网络,实现不同传感设备之间的数据交互;研究基于电池、通信模块、传感器一体化设计的渗压、渗流、水雨情监测设备,采用统一的数据传输协议,实现多源数据的分布式智能感知。

1.5.3　开展基于多元融合数据的大坝安全智能评估系统　　　研究

　　(1)监测原始数据处理分析。
　　对水利工程安全监测、水雨情监测、视频图像监测等多种数据进行快速分析处理,研究同一类型监测数据在不同监测区域的变化规律,实现对新采集数据的质量控制,对异常数据进行智能告警,并自动剔除,交由人工确认。
　　(2)监测数据预测模型构建。
　　对已经过质检以后的多源监测数据进行相关性分析,研究不同数据之间的相关性和时延,构建基于神经网络的监测数据预测模型,为后续水利工程现状安全评估与趋势性预测提供数据支持。

(3)构建基于神经网络的大坝安全评估模型。

构建基于多源监测数据的水利工程安全评估模型,实时对工程的安全风险进行评估,并对风险的趋势情况进行预测,为工程管理与调度提供科学指导,在保证工程安全的前提下更好地发挥工程综合效益。

本项目研究成果可直接用于水利工程安全监管,通过基于无线网络构建的智能感知网络实现对渗压、渗流、水雨情等多源数据的综合监测,基于北斗差分定位技术实现对水利工程变形的全天候自动连续监测,为工程安全运行提供保障。基于实时获取的多元数据,利用安全评估模型可对工程的安全进行动态评估,不仅能实时获取水工建筑物的安全性数据,同时能对安全性的发展趋势进行预测,能够有效减少对管理人员经验的依赖,且工程投资较低,不但适用于大中型水利工程,也可适用于数量众多、缺少安全监测的小型水利工程。技术路线如图 1-1 所示。

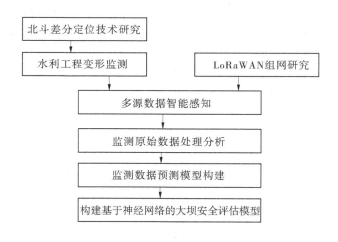

图 1-1　技术路线

2 基于北斗差分定位的水利工程变形监测技术

2.1 GNSS 技术概述

GNSS 即全球卫星导航系统,它包括全球性的美国的 GPS、中国的北斗系统、俄罗斯的 GLONASS 以及欧盟的 GALIIEO。此外,还有区域性导航系统,如日本的准天顶(QZSS)、印度的 IRNSS。增强系统有美国的 WAAS、日本的 MSAS、欧盟的 EGNOS、印度的 GAGAN 以及尼日尼亚的 NIG-GOMSAT-1 等。

1973 年 12 月,美国国防部批准陆海空三军联合研制一种新的军用卫星导航系统——navigation by satellite timing and ranging (NAVSTAR) global positioning system(GPS),称为 GPS 卫星全球定位系统,简称 GPS 系统。它是美国国防部的第二代卫星导航系统。它是一种基于空间卫星的无线导航与定位系统,可以向数目不限的全球用户连续地提供高精度的全天候三维坐标、三维速度及时间信息,具有实时性导航、定位和授时功能。自 1974 年以来,GPS 系统的建立经历了方案论证、系统研制和生产试验等三个阶段。1978 年 2 月 22 日第一颗 GPS 试验卫星的入轨运行,开创了以导航卫星为动态已知点的无线电导航定位的新时代,标志着工程研制阶段的开始。1989 年 2 月 14 日,第一颗 GPS 工作卫星发射成功,宣告 GPS 系统进入了生产作业阶段。1994 年 3 月建成了信号覆盖率达到 98% 的 GPS 工作星座,全部完成 24 颗工作卫星(含 3 颗备用卫星)的发射工作,正式宣布了 GPS 整个系统已经正式建成并投入使用。

GPS 系统由三大部分构成:GPS 卫星星座(空间部分)、地面监控系统(控制部分)和 GPS 信号接收机(用户部分)。空间星座又称导航卫星星座,是全球卫星导航系统的空间部分,通常由多颗卫星组成的基本星座,布设在近圆轨道上,构成空间导航网。GPS 空间卫星星座由 21 颗工作卫星和 3 颗随时可以启用的备用卫星组成。24 颗卫星均匀分布在 6 个轨道面内,每个轨道面均匀分布有 4 颗卫星。卫星轨道平面相对地球赤道面的倾角均为 55°,各轨道平面升交点的赤道相差 60°,在相邻轨道上,卫星的升交距角相差 30°。轨道平均高度约为 20 200 km,卫星运行周期为 11 h 58 min。GPS 工作卫星的空间分布保障了在地球上任何时刻、任何地点均至少可以同时观测到 4 颗卫星。地面观测者见到地平面上卫星颗数随时间和地点不同而异,最少 4 颗,最多 11 颗。GPS 卫星的主要作用是:①向用户连续发送定位信息;②接收和储存由地面监控站发来的卫星导航电文等信息,并适时发送给用户;③接收并执行由地面监控站发来的控制指令,适时地改正运行偏差和启用备用星等;④通过星载的高精度铷钟和铯钟,提供精密的时间标准。地面监控部分包括一个主控站、三个注入站和五个监测站。其主要任务是监视卫星运行;确定 GPS 时间系统;跟踪并预报卫星星历和卫星钟状态,向每颗卫星的数据存储器注入卫星导航数据,确保 GPS 系统的良好运行。GPS 信号接收机即用户接收设备,通常称为定位接收机,是实现卫星导航定位的终端仪器。主要功能是迅速捕获按一定卫星截止高度角所选择的待测卫星信号,并跟踪这些卫星的运行,对所接收到的卫星信号进行变换、放大和处理,以便测定出 GPS 信号从卫星到接收天线的传播时间,解译出卫星所发送的导航电文,实时计算出测站的三维坐标、三维速度及时间信息等。

2.2 GNSS 定位系统的特点

GNSS 定位系统以其高精度、全天候、高效率、多功能、易操作、应用广等特点著称。

2.2.1　定位精度高

目前,GNSS 测量基线的精度已经由过去的 $10^{-6} \sim 10^{-7}$ 提高到 $10^{-8} \sim 10^{-9}$,而 GNSS 静态相对定位的精度也提高到了毫米级甚至亚毫米级,尤其是高程精度也达到了毫米级。GNSS 实时动态定位精度也有显著性的突破,可以达到厘米级的定位精度,可以满足各种工程测量的要求。大型建筑物、构筑物变形监测,在采用特殊的观测措施、精密星历及适当的数据处理模型和软件后,平面精度可达亚毫米级,高程精度可稳定在 1 mm 左右。

2.2.2　观测时间短

随着 GNSS 定位系统的不断完善,软件水平的不断提高,观测时间已由以前的几小时缩短至现在的几十分钟,甚至几分钟,目前采用静态相对定位模式,观测 20 km 以内的基线所需观测时间,双频接收机仅需 15~20 min;采用快速静态相对定位模式,当每个流动站与基准站相距在 15 km 以内时,流动站观测时间只需 1~2 min;采取实时动态定位模式,流动站出发时观测 1~2 min 进行动态初始化,然后可随时定位,每站观测仅需几秒钟。因而用 GNSS 技术建立控制网,可以大大提高作业效率。

2.2.3　测站间无须通视

经典测量技术均有严格的通视要求,必须建造大量的觇标,这给经典测量的实施带来了相当的困难。GNSS 测量只要求测站上空开阔,与卫星间保持通视即可,不要求测站之间互相通视,因而不再需要建造觇标。这一优点既可大大减少测量工作的经费和时间(一般造标费用约占总经费的 30%、50%),同时也使选点工作变得非常灵活,完全可以根据工作的需要来确定点位位置,也可省去经典测量中的传算点、过渡点的测量工作。

2.2.4　仪器操作简便

随着 GNSS 接收机的不断改进,GNSS 测量的自动化程度越来越高,有的已趋于"傻瓜化"。在观测中测量员的主要任务只是安置仪器,边接电缆线,量取天线高和气象数据,监视仪器的工作状态,而其他观测工作,如卫星的捕获、跟踪观测和记录等均由仪器自动完成。结束测量时,仅需关闭电源,收好接收机,便完成了野外数据采集任务。如果在一个测站上需做较长时间的连续观测,有的接收机还可以实行无人值守的数据采集,通过数据通信方式,将所采集的数据传送到数据处理中心,实现全自动化的数据采集与处理。另外,现在的接收机体积也越来越小,相应的重量也越来越轻,使得携带和搬运都很方便,极大地减轻了测量工作者的劳动强度,也使野外测量工作变得轻松愉快。

2.2.5　全球全天候定位

GNSS 卫星的数目较多,且分布均匀,保证了全球地面被连续覆盖,使得地球上任何地方的用户在任何时间至少可以同时观测到 4 颗卫星,可以随时进行全球全天候的各项观测工作。一般,除打雷闪电不宜观测外,其他天气(如阴雨下雪、起风下雾等)均不受影响,这是经典测量手段望尘莫及的。这一特点,保证了变形监测的连续性和自动化。

2.2.6　可提供全球统一的三维地心坐标

经典大地测量将平面与高程采用不同方法分阶段分别施测,而GNSS 测量可同时精确测定观测站平面位置和大地高程。目前,GNSS 可满足四等水准测量的精度。GNSS 测量的这一特点,不仅为研究大地水准面的形状和确定地面点的高程开辟了新途径,同时也为其在航空物探、航空摄影测量及精密导航中的应用提供了重要的高程数据。另外,GNSS 定位是在全球统一的 WGS-84 坐标系统中计算的,因此全球不同地点的测量成果是相互关联的。

2.2.7 应用广泛

随着 GNSS 定位技术的发展,其应用的领域在不断拓宽,GNSS 技术可应用于国民经济的各个领域。目前,在导航方面,它不仅广泛地用于海上、空中和陆地运动目标的导航,而且在运动目标的监控与管理,以及运动目标的报警与救援等方面,也已获得成功地应用;对于测绘行业而言,GNSS 定位系统已应用于大地测量、地籍测量、航空摄影测量、海洋测绘、地壳板块运动监测,建立各种工程监测网和进行各种工程测量等。GNSS 技术在工程测量中的应用有着广泛的前景,特别是自动变形监测系统、工程施工的自动控制系统是未来应用研究的重要方向之一。

2.3 GNSS 变形监测系统架构

变形监测系统主要由系统中心站、大坝(副坝)及周边岸堤安全监测站、数据通信网、太阳能供电系统等组成。

变形监测系统中心站一般设置在水利大坝管理处或其他上级管理部门。主要由系统实时监控工作站、数据服务器、数据通信设备及运行在系统中的水利工程监测管理软件等组成(见图 2-1)。

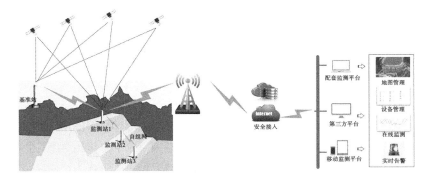

图 2-1 GNSS 变形监测系统架构示意图

安全监测站由 GNSS 接收机及其天线组成,GNSS 接收机可同时处理 GPS 和北斗数据,卫星数据通过无线通信网络传输至系统中心站。监测站采用太阳能供电系统,大容量电池能提供稳定电源,确保在阴雨天设备可正常工作。

2.4　GNSS 数据采集与传输

2.4.1　GNSS 监测数据采集系统

GNSS 监测数据采集子系统由 1 个 GNSS 基准站和若干个 GNSS 监测站组成,GNSS 基准站和 GNSS 监测站均按照一定的采样间隔采集由卫星发射过来的观测文件和星历文件,并通过 4 G 等网络实时或定时传送至解算单元子系统;不同的是,GNSS 监测站用于获取变形监测点的卫星观测数据,GNSS 基准站用于获取整个基线解算基点的卫星观测数据。GNSS 基准站和 GNSS 监测站的主要组成设备是 GNSS 接收机,GNSS 接收机负责接收通过卫星接收天线接收卫星定位信号数据,通过主板和内置程序记录静态观测数据,通过数据传输模块将观测采集的静态观测文件传送至后台解算系统(见图 2-2)。

2.4.2　GNSS 监测数据传输系统

GNSS 监测数据传输系统主要由监测站点通信模块、无线数据通信网络和数据接收中心组成(见图 2-3)。

无线通信采用 LoRaWAN 或 4 G 无线通信方式。LoRaWAN 无线通信网络包括基站和终端。GNSS 基准站和 GNSS 监测站属于 LoRaWAN 网络的终端节点。基站负责数据在本地网络和 4G 网络之间交换,基站和终端之间采用星型网络拓扑结构。由于 LoRa 的长距离特性,基站和终端之间使用单跳传输,终端节点可以同时发给多个基站。一个水库根据现场情况,也可以布设一台或多台基站。

采用 4 G 通信传输方式,GNSS 基准站和 GNSS 监测站通过 4 G 通信模块直接将数据传输至中心服务器,数据实时性高,但会产生较高的通信费用和消耗更高的电源功耗。

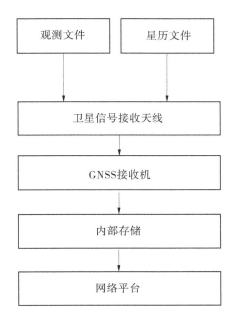

图 2-2   监测系统示意图数据采集

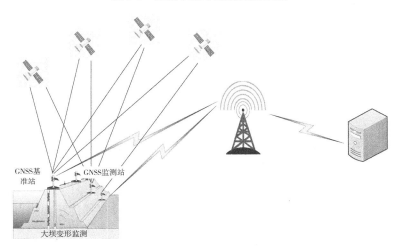

图 2-3   监测数据传输系统示意图

2.5　GNSS 监测数据质量控制

2.5.1　自主完备性检测

由于 GNSS 接收机只需要 4 颗卫星的信号即可计算定位信息,而基于多星多频的 GNSS 接收机同时可以接收 GPS、北斗等多个卫星系统的数据,因此同一个时刻肯定能收到多于 4 颗卫星信号。因此,可用多颗卫星信号进行检验,获取更加精确的定位数据信息。其原理如下:

把接收机视界内的所有卫星每 4 颗组合,并分别产生定位数据,然后把各个组合产生的数据进行比较。如果组合内的卫星信号都是正常的,由此得出的定位结果应该都比较接近;如果某些组合内含有不正常的卫星,那么由此得出的定位结果便与其他的组合差距较大,因此可用此方法发现故障卫星,从而剔除异常信息。这种计算方法的优点在于它不需要在接收机外增加硬件设备,而只需要进行软件算法的改进即可实现,省钱省时。

2.5.2　单星故障检测算法

假设共有 N 个可用的卫星观测量,m 个待求导航状态量,卫星无故障时,测量值仅包含噪声干扰,其 GNSS 系统的观测方程可以表示为:

$$y = Gx + \varepsilon W \tag{2-1}$$

式中,y 为 $n \times 1$ 维自由项,表示观测伪距与计算伪距的差值;x 为 4×1 维用户状态参数向量,前三个元素是用户位置改正数,第四个元素是接收机时钟改正数;G 为 $n \times 4$ 维系数矩阵,其前三列是方向余弦,第四列元素都是 1;ε 表示服从零均值方差为 σ_n 的高斯分布的伪距观测误差;W 为 $n \times n$ 维观测伪距权矩阵,一般认为伪距观测间相互独立。

根据最小二乘原理,用户状态的最小二乘解为:

$$\hat{x} = (G^T W G)^{-1} G^T W y = X + (G^T W G)^{-1} G^T W \varepsilon \tag{2-2}$$

令 $A = (G^T W G)^{-1} G^T$,则由式(2-2)可得用户状态误差为:

$$\Delta x = A W \varepsilon, \hat{y} = G \hat{x} \qquad (2-3)$$

从而可得伪距残差向量

$$v = y - \hat{y} = [I - G(G^T W G)^{-1} G^T W] y = [I - G(G^T W G)^{-1} G^T W] \varepsilon$$
$$(2-4)$$

令 $S = I - G(G^T W G)^{-1} G^T W$,伪距残差向量的协因数矩阵可表示为:

$$Q_v = W^{-1} - G(G^T W G) G^T \qquad (2-5)$$

将式(2-5)代入式(2-4),则伪距残差向量的表示就变为:

$$v = Q_v W y = Q_v W \varepsilon \qquad (2-6)$$

则向量 v 可以看作卫星测距误差信息的直观反映,因此可以将其作为系统有无故障的判断依据,其验后单位权中误差可以表示为

$$\hat{\sigma} = \sqrt{\frac{v^T W v}{N - 4}} = \sqrt{\frac{SSE}{N - 4}} \qquad (2-7)$$

式中,SSE 表示伪距残差平方和。通过计算 $\hat{\sigma}$ 可以判断系统故障情况,在系统正常运行时,伪距残差较小,$\hat{\sigma}$ 也较小;当某颗卫星的测量伪距中存在较大偏差时,$\hat{\sigma}$ 会变大。

若伪距误差向量 ε 中各个分量是相互独立的正态分布随机误差,均值为 0,方差为 σ_0^2,根据统计分布理论,$\frac{SSE}{\sigma_0^2}$ 服从自由度为 $n-4$ 的 χ^2 分布,若 ε 均值不为 0,则 $\frac{SSE}{\sigma_0^2}$ 服从自由度为 $n-4$ 的非中心化的 χ^2 分布,非中心化参数 $\lambda = \frac{E(SSE)}{\sigma_0^2}$。

系统正常运行时,处于正常检测状态,此时如出现检测警报,称为误警。一般来说,对于给定的误警率 P_{FA} 可求出检测门限:

$$Pr\left(\frac{SSE}{\sigma_0^2} < T^2\right) = \int_0^{T^2} f_\chi^2(N-4)(x)\,\mathrm{d}x = 1 - P_{FA} \qquad (2-8)$$

根据由式(2-8)确定的 $\frac{SSE}{\sigma_0^2}$ 的检测限值 T,$\hat{\sigma}$ 的检测限值可以表示为:

$$\sigma_T = \sigma_0 \times \frac{T}{\sqrt{N-4}} \tag{2-9}$$

在导航解算过程中,将实时计算的 $\hat{\sigma}$ 与事先给定的 σ_T 进行比较,若 $\hat{\sigma} > \sigma_T$,则表示检测到故障,需要对故障卫星进行隔离。

其中,最常用的粗差探测法是巴尔达数据探测法,其基本步骤是首先通过最小二乘残差向量构造服从某种分布的统计量,然后给定置信水平,并通过检验统计量判断是否存在粗差。通过残差与观测误差的分析,可以将统计量设计为

$$d_i = \frac{|v_i|}{\sigma_0 \sqrt{Q_{vii}}}$$

$$\delta_i = \frac{\sqrt{Q_{vii}} W_{ii} b_{ii}}{\sigma_0}$$

但是这种检测方法需要较多的可见卫星数目,并且对多故障不敏感且监测效率低。这类检测方法的优势在于它仅需要利用当前时刻的观测数据进行集合一致性检测就可以检出故障卫星,然而缺点也恰恰在于此,实际上大多数非故障类误差都有遍历性和平稳特性。

2.5.3　多星故障检测算法

根据单星故障最小二乘残差算法,在 2 颗卫星故障同时出现的情况下,将式(2-1)中的权值设为单位矩阵,则定位解的误差矢量 U_{err} 可表示为:

$$U_{err} = \hat{x} - x = (\boldsymbol{G}^{\mathrm{T}} \boldsymbol{G})^{-1} \boldsymbol{G}^{\mathrm{T}} e = Ae \tag{2-10}$$

式中,e 也可以写作 e_{ij} 的形式。

若第 i、j 颗卫星发生分别引起伪距观测误差为 $b^{(i)}$、$b^{(j)}$ 的故障时,忽略随机噪声影响,伪距偏差矢量 e 和定位误差矢量 U_{err} 可分别表示为:

$$\boldsymbol{e} = [0, \cdots, b^{(i)} \cdots, b^{(i)} \cdots, 0]^{\mathrm{T}} \tag{2-11}$$

$$\boldsymbol{U}_{err} = [b^{(i)} A_{1i} + b^{(j)} A_{1j}, b^{(i)} A_{2i} + b^{(j)} A_{2j}, b^{(i)} A_{3i} + b^{(j)} A_{3j}, b^{(i)} A_{4i} + b^{(j)} A_{4j}]^{\mathrm{T}}$$

$$\tag{2-12}$$

从而,垂直误差 VE 和水平径向误差 HRE 可由 $\boldsymbol{U}_{err}$ 求得:

$$
\left.\begin{array}{l}
VE = \left| b^{(i)} A_{3i} + b^{(j)} A_{3j} \right| \\
HRE^2 = (b^{(i)} A_{1i} + b^{(j)} A_{1j})^2 + (b^{(i)} A_{2i} + b^{(j)} A_{2j})^2
\end{array}\right\} \quad (2\text{-}13)
$$

另外,伪距残差矢量可由式(2-4)得出,因此伪距残差各分量的平方和可表示为:

$$
SSE = v^{\mathrm{T}} v = (b^{(i)})^2 S_{ii} + (b^{(j)})^2 S_{jj} + 2(b^{(i)})(b^{(j)}) S_{ij} \quad (2\text{-}14)
$$

通过 VE、HRE 和 SSE,卫星的水平、垂直特征斜率可分别表示为:

$$
SLOPE_V^{i,j} = \frac{VE}{\sqrt{SSE}} = \frac{\left| kA_{3i} + A_{3j} \right|}{\sqrt{k^2 S_{ii} + S_{jj} + 2k S_{ii}}} \quad (2\text{-}15)
$$

$$
SLOPE_H^{i,j} = \frac{HRE}{\sqrt{SSE}} = \sqrt{\frac{(kA_{1i} + A_{1j})^2 + (kA_{2i} + A_{2j})^2}{k^2 S_{ii} + S_{jj} + 2k S_{ii}}} \quad (2\text{-}16)
$$

其中,k 为 2 颗卫星故障的比值,可由第 i、j 颗卫星的伪距误差 $b^{(i)}$、$b^{(j)}$ 表示为:

$$
k = k(i,j) = \frac{b^{(i)}}{b^{(j)}} \quad (2\text{-}17)
$$

由式(2-15)和式(2-16)可以看出,当故障卫星数目为 1 时,参数 k 为 0 或者无穷大,特征斜率是恒定不变的。当故障卫星数目为 2 时,水平/垂直特有斜率对每 2 颗卫星都是关于 k 的可变函数,它们的最大值需要分别推导,以作为特有值来保证完备性。

对特有斜率进行分析,其垂直、水平变化曲线分别如图 2-4、图 2-5 所示。可以看出,水平特有斜率的最小值是非 0 的,而垂直特有斜率的最小值为 0。

此外,每个特有斜率都有一个特有的有限最大值,因此问题就转化为证明是否垂直和水平特有斜率总存在最大值,如果存在,最大值是多少。

求解垂直特征斜率最大值可以等效为求解其平方的最大值,因此定义 z 如下:

$$
z = SLOPE_{V\text{-}\max}^{(i,j)} = \sqrt{\frac{A_{3j}^2 S_{ii} + A_{3i}^2 S_{jj} - 2 A_{3i} A_{3j} S_{ij}}{S_{ii} S_{jj} - S_{ij}^2}} \quad (2\text{-}18)
$$

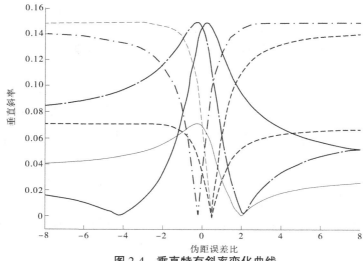

图 2-4　垂直特有斜率变化曲线

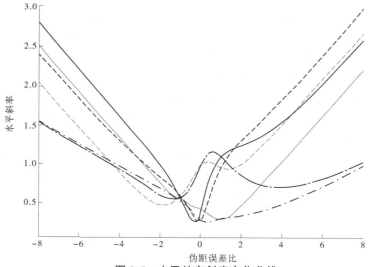

图 2-5　水平特有斜率变化曲线

它可转化为一个关于 k 的二次方程如下：

$$(zS_{ii} - A_{3i}^2)k^2 + 2(zS_{ij} - A_{3i}A_{3j})k + (zS_{jj} - A_{3j}^2) = 0 \quad (2\text{-}19)$$

该方程的判别式为：

$$\Delta = 4(S_{ij}^2 - S_{ii}S_{jj})z^2 + 4(A_{3j}^2S_{ii} + A_{3i}^2S_{jj} - 2A_{3i}A_{3j}S_{ij}) > 0 \quad (2\text{-}20)$$

由此，求解 z 变化范围的关键就是确定 $(S_{ij}^2 - S_{ii}S_{jj})$ 的符号。另外，由于用户和每 2 颗卫星不在同一条直线上，因此观测矩阵的秩为 4。定义矩阵 A 和 B

$$\left.\begin{array}{l} A = (G^TWG)^{-1}G^T \\ B = G(G^TWG)^{-1}G^T \end{array}\right\} \quad (2\text{-}21)$$

则

$$rank(B) \leqslant 4 \quad SG = 0 \quad (2\text{-}22)$$

因此，可以得到：

$$rank(S) \leqslant N - rank(G) = N - 4 \quad (2\text{-}23)$$

由于 S 是一个 $N \times N$ 的矩阵，因此可以得到如下不等式：

$$N = rank(I_N) = rank(B + S) \leqslant rank(B) + rank(S) \leqslant 4 + (N - 4) = N \quad (2\text{-}24)$$

由此可知，对称矩阵 B 和 S 的秩分别为 4 和 $N-4$，因此矩阵 S 可以写作：

$$S = Q^T \Lambda Q = Q^T \begin{bmatrix} a_1 & & & & & & & \\ & \ddots & & & & & & \\ & & a_{N-4} & & & & & \\ & & & 0 & & & & \\ & & & & 0 & & & \\ & & & & & 0 & & \\ & & & & & & 0 \end{bmatrix} Q \quad (2\text{-}25)$$

式中，Q 是一个 $N \times N$ 的正交矩阵，Λ 是一个 $N \times N$ 的对角矩阵，其对角元素 $a_1, \cdots, a_{N-4}$ 是矩阵 S 的 $N-4$ 个特征值，因此矩阵 B 的特征多项式可以写作：

$$\left| \lambda I_N - B \right| = \left| (\lambda - 1) I_N + S \right| = \left| (\lambda - 1) \boldsymbol{Q}^T \boldsymbol{Q} + \boldsymbol{Q}^T \Lambda \boldsymbol{Q} \right|$$

$$= \left| \boldsymbol{Q}^T \begin{bmatrix} a_1 + (\lambda - 1) & & & & & & \\ & \ddots & & & & & \\ & & a_{N-4} + (\lambda - 1) & & & & \\ & & & (\lambda - 1) & & & \\ & & & & (\lambda - 1) & & \\ & & & & & (\lambda - 1) & \\ & & & & & & (\lambda - 1) \end{bmatrix} \boldsymbol{Q} \right|$$

$$(2\text{-}26)$$

显然,矩阵 $\boldsymbol{B}$ 的 4 个特征值是 1,其余为 0,因此矩阵 $\boldsymbol{B}$ 的秩为 4。
由上述分析可以得到:

$$a_1 = \cdots = a_{N-4} = 1 \qquad (2\text{-}27)$$

从而可以确定矩阵 $\boldsymbol{S}$ 和 $\boldsymbol{S}$ 都是半正规矩阵。矩阵 $\boldsymbol{S}$ 的一个伴随矩阵可以写作:

$$\begin{vmatrix} U_{ii} & U_{ij} \\ U_{ji} & U_{jj} \end{vmatrix} = U_{ii} U_{jj} - U_{ij}^2 \qquad (2\text{-}28)$$

根据半正定矩阵的定义,可以得到如下关系式:

$$U_{ii} \geqslant 0 \quad U_{jj} \geqslant 0 \quad U_{ii} U_{jj} - U_{ij}^2 \geqslant 0 \qquad (2\text{-}29)$$

因此

$$A_{3j}^2 U_{ii} + A_{3i}^2 U_{jj} - 2 A_{3i} A_{3j} U_{ij} \geqslant 2 \left| A_{3i} A_{3j} \right| \sqrt{U_{ii} U_{jj}} - 2 A_{3i} A_{3j} U_{ij} \geqslant$$
$$2 \left| A_{3i} A_{3j} U_{ij} \right| - 2 A_{3i} A_{3j} U_{ij} \geqslant 0 \qquad (2\text{-}30)$$

从而

$$0 \leqslant z \leqslant \frac{A_{3j}^2 U_{ii} + A_{3i}^2 U_{jj} - 2 A_{3i} A_{3j} U_{ij}}{U_{ii} U_{jj} - U_{ij}^2} \qquad (2\text{-}31)$$

这意味着:

$$z_{\max} = \frac{A_{3j}^2 U_{ii} + A_{3i}^2 U_{jj} - 2 A_{3i} A_{3j} U_{ij}}{U_{ii} U_{jj} - U_{ij}^2} \qquad (2\text{-}32)$$

从而垂直特征斜率的最大值可以表述为:

$$SLOPE_{V-\max}^{(i,j)} = \sqrt{z_{\max}} = \sqrt{\dfrac{A_{3j}^2 U_{ii} + A_{3i}^2 U_{jj} - 2A_{3i}A_{3j}U_{ij}}{U_{ii}U_{jj} - U_{ij}^2}} \qquad (2\text{-}33)$$

而 $SLOPE_{V-\max}^{(i,j)}$ 的最大值,即最坏情况下的最大垂直特征斜率可写作:

$$SLOPE_{\max} = \max_{i,j}\left\{ SLOPE_{V-\max}^{(i,j)} \right\} \qquad (2\text{-}34)$$

容易证明:

$$SLOPE_{V-s}^{(i)}(\,or\quad SLOPE_{V-s}^{(i)}\,) \leqslant SLOPE_{V-\max}^{(i,j)} \qquad (2\text{-}35)$$

同理,水平特征斜率的计算如下,首先,定义 z 为:

$$z = (SLOPE_H^{(i,j)})^2 = \dfrac{(kA_{1i} + A_{1j})^2 + (kA_{2i} + A_{2j})^2}{k^2 S_{ii} + S_{jj} + 2kS_{ij}} \qquad (2\text{-}36)$$

将式(2-36)改写为关于 k 的二次方程如下:

$$(zU_{ii} - A_{1i}^2 - A_{2i}^2)k^2 + 2(zU_{ij} - A_{1i}A_{1j} - A_{2i}A_{2j})k + (zU_{ii} - A_{1j}^2 - A_{2j}^2) = 0 \qquad (2\text{-}37)$$

其判别式为:

$$\Delta = 4(zU_{ij} - A_{1i}A_{1j} - A_{2i}A_{2j})^2 - 4(zU_{ii} - A_{1i}^2 - A_{2i}^2)(zU_{ii} - A_{1j}^2 - A_{2j}^2) \geqslant 0 \qquad (2\text{-}38)$$

可得如下不等式:

$$az^2 + bz + c \leqslant 0 \qquad (2\text{-}39)$$

其中:

$$\left.\begin{array}{l} a = U_{ii}U_{jj} - U_{ij}^2 \geqslant 0 \\ b = 2(A_{1i}A_{1j} - A_{2i}A_{2j})U_{ij} - (A_{1j}^2 + A_{2j}^2)U_{ii} - (A_{1i}^2 + A_{2i}^2)U_{jj} \leqslant 0 \\ c = (A_{1i}A_{2j} - A_{2i}A_{2j})^2 \end{array}\right\} \qquad (2\text{-}40)$$

式(2-39)的根如下:

$$z_1 = \dfrac{-b + \sqrt{b^2 - 4ac}}{2a} \quad ; \quad z_2 = \dfrac{-b - \sqrt{b^2 - 4ac}}{2a} \qquad (2\text{-}41)$$

因此,方程的解可以表示为:

$$0 \leqslant z_2 \leqslant z \leqslant z_1 \qquad (2\text{-}42)$$

水平特征斜率的最大值可以表示为:

$$SLOPE_{H-\max}^{(i,j)} = \sqrt{z_1} \qquad (2\text{-}43)$$

而 $SLOPE_{H-\max}^{(i,j)}$ 的最大值,即最坏情况下的最大水平特征斜率可写作:

$$SLOPE_{H-\max} = \max_{i,j} \{SLOPE_{H-\max}^{(i,j)}\} \qquad (2\text{-}44)$$

容易证明:

$$SLOPE_{H-s}^{(i)} (or \quad SLOPE_{H-s}^{(j)}) \leqslant SLOPE_{H-\max}^{(i,j)} \qquad (2\text{-}45)$$

HPL、VPL 可由水平特有斜率、垂直特有斜率的最大值与确定性偏差的乘积表示:

$$HPL = SLOPE_{H-\max} \times PBias_B$$
$$VPL = SLOPE_{V-\max} \times PBias_B \qquad (2\text{-}46)$$

式中,$PBias_B$ 表示确定性偏差,可由如下表达式求得:

$$PBias_B^2 = \lambda \sigma^2 \qquad (2\text{-}47)$$

分别将 HPL、VPL 与 HAL、VAL 比较,即可判断多星故障。

2.6　GNSS 数据解算系统

2.6.1　解算基本原理

GNSS 单点定位技术是早期广泛采用的快速定位技术,根据卫星星历和单台接收机的观测数据确定接收机在地球坐标系中的绝对坐标。由于广播星历和卫星钟差的精度较差,以及 C/A 码和 P 码的精度不高,且卫星信号传播路径的误差较大,所以单点定位的精度只能达到米级。

GNSS 差分定位技术是根据两台以上接收机的观测数据来确定观测点之间的相对位置的定位方法。采用载波相位观测法是目前精度最高的方法,其精度优于波长的 1/100,L1 载波波长为 19 cm,L2 为 24 cm,比 C/A 码波长(293 cm)短得多,从而可获得比伪距(C/A 码或 P 码)定位高得多的精度。

载波传播的示意图如图 2-6 所示,测量出传播路径上两点之间的相位差,即可求出两点之间的距离:载波的波长很短,信号传播过程中

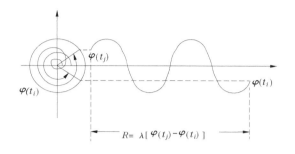

图 2-6 载波传播示意

可能会产生 N 个整数周期的差别,N 即为周整模糊度。接收机无法获取载波的初始相位,只能从接收机接收的相位,并由此复刻卫星相位(见图 2-7)。

接收机首次观测,相位观测值的小数部分,整周模糊度是观测不到的。随着卫星到地心的距离变化,卫星和接收机的距离变化,小数部分始终可以观测到。相位观测值整周计数接收机只能测量载波相位的不足整数部分以及在一段时间内的变化部分。因此,在每一个相位观测值中,存在着一个常量未知数,被称为整周模糊度。数据解算需要解算出整周模糊度。只要接收机能保持对卫星连续跟踪不失锁,对同一卫星信号的载波相位观测值是连续的,则整周模糊度是一个固定值。如果卫星失锁或其他原因造成计数器中止正常的累积,则整周计数则发生整周跳变,则需要进行周跳的修复工作。整周模糊度的确定和整周跳变处理是其中的难点。

利用载波相位的差分观测值,可以消除或减弱大部分误差源,包括卫星轨道误差、卫星和接收机钟差、卫星和接收机硬件延迟、电离层延迟和对流层延迟误差,从而获得两点间高精度的基线向量。通过对基线向量的解算,即可获得两台接收机之间的相对位置。

基线解算是指在卫星定位中,利用载波相位观测值或其差分观测值,求解两个同步观测的测站之间的基线向量坐标差的过程。

基线解算前须进行数据预处理,剔除观测值中的粗差,即进行周跳的探测与修复。由于待定测站的近似坐标相对于基站的精度较低,影

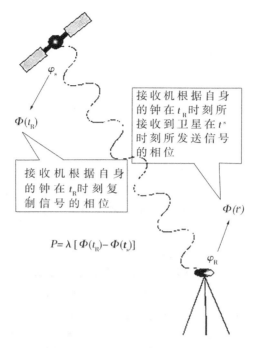

图 2-7　GNSS 解算系统原理图

响卫地距及传播时间的计算,须逐次迭代不断提高测站近似坐标精度,以修正卫星信号发射时刻及相应的星历坐标,使整周待定值趋近于整数以获得良好的基线向量成果。有按单基线解算和取用一测段内所有非基星相对于基星的双差观测值联合解算全部基线的两种方法。

接收机 k 对卫星 p 的载波进行观测,载波相位测量的观测方程如下:

$$\left.\begin{aligned}\Phi_k^p(t_i) &= \varphi_k^p(t_i) + N_k^p\\ \Phi_k^p(t_i) &= ft_k^p + f\delta t_k - f\delta t^p\end{aligned}\right\} \qquad (2\text{-}48)$$

考虑电离层、对流层和钟差等影响后,得到:

$$\varphi_k^p = \frac{f}{c}(\rho_k^p - \delta I_k^p - \delta T_k^p) + f\delta t_k - f\delta t^p - N_k^p \qquad (2\text{-}49)$$

其中：$\rho_k^p = \sqrt{(X^p - X_k)^2 + (Y^p - Y_k)^2 + (Z^p - Z_k)^2}$

在同一时刻两个接收机(k 和 j)同时对卫星 p 进行载波相位测量，将 φ_k^p 和 φ_j^p 相减，得到卫星 p 的单差方程：

$$\Delta\varphi_{jk}^p = \frac{f}{c}(\Delta\rho_{jk}^p - \delta I_{jk}^p - \delta T_{jk}^p) + f\delta t_{jk} - \Delta N_{jk}^p \qquad (2\text{-}50)$$

即可将卫星 p 的卫星钟差消除。进一步，两个接收机(k 和 j)同时对 n 颗卫星进行观测，将卫星 n 的单差方程进行相减，可将接收机的钟差消除。

2.6.2　解算处理过程

数据解算系统由数据服务器和静态自动解算软件组成，GNSS 基准站和 GNSS 监测站通过无线网络与解算系统通信，从 GNSS 基准站和 GNSS 观测站传回的观测文件按照日期时间顺序储存在数据服务器上，然后静态自动解算软件执行数据导入、数据预处理、数据处理、基线自动解算、计算偏差量等计算。

(1)数据导入：静态自动解算软件将同时段的 GNSS 基准站和 GNSS 监测站观测文件调用导入解算软件。

(2)数据预处理：解算软件通过粗差探测、周跳探测与修复、观测值组合等数据预处理。

(3)数据处理：进行方程线性化、最小二乘计算、模糊度固定等数据处理。

(4)基线自动解算：解算出到基准站与监测站的高精度相对坐标。

(5)计算偏差量：静态自动解算软件调用历史监测平均值计算出当前时刻的坐标偏差量。

在 GNSS 采集传输，接收到数据后，首先要对数据进行预处理。其主要的目的是剔除粗差以及对用于修正对流层和电离层的模型进行改正。GNSS 数据的预处理过程是指对 GNSS 卫星在观测的过程中产生的各种误差进行分析、处理的过程。其主要工作包括：

(1)由于观测时采用的接收机或者观测量选取的不同，产生不同的观测数据。所以在处理中，对传输的数据进行处理分流，以使数据间能够兼容、可交互;生成相应成果文件,而且为了下一步预处理能够简单方便,应将数据文件的格式统一化。

(2)由于 GNSS 接收机本身或者外界环境的影响,会存在周跳的现象,使载波相位测量值中存在偏差,同时由于修复周跳,剔除粗差的观测值只有跟整周模糊度进行解算才有效,以及定位所需要的时间就是确定整周模糊度的时间,所以修复周跳和确定整周模糊度在预处理中也相当的重要。确定整周模糊度的方法有直接取整法、模糊度快速搜索法、OTF 或 AROF,修复的周跳的方法有双频相位测量的电离层残差项式拟合法以及高次差法等。

为了提高观测数据精度,应对这些误差进行误差改正,主要有关于对流层或者电离层误差模型的改正。

由于 GNSS 技术的复杂性,在数据预处理过程中采用好的数学模型和处理方法对观测成果的质量有相当重要的作用。但如果在数据处理中没有对观测数据进行有效的预处理,再完美的布设方案、再精确的平差处理方法以及再严密的形变模型也无用。

数据后处理主要包括两个方面:一个是对基线向量进行求解;另一个是对变形监测网进行平差。

2.6.2.1 基线解算

1. GNSS 观测量选择

GNSS 网精度的大小受 GNSS 基线解算精度的影响,所以 GNSS 基线解算应选择最优的处理方法进行研究。在 GNSS 基线解算中,要考虑观测量、卫星的状况等因素。其中,观测量是最关键的因量。

单频观测量就是只用 L1 或者 L2 载波进行基线解算。双频组合观测量就是由这两组载波频率组合而成的。L1、L2 载波的频率分别是基本频率的 154 倍和 120 倍。在测量时,通常选用这两种频率进行测量,因为能够消除电离层延时误差。在利用双频接收机进行测量时,可以组成多种观测量,如 L1&L2、L1、L2 等,与之相对应的是单频和双频组合观测量。

对于不同的观测量,采用不同的解算模型进行处理,所得到的成果精度也不同。所以,在实际基线解算时,要根据具体的工程要求进行选择。

2. 基线解算过程

用 GNSS 技术做控制测量时,均采用相对定位技术的方法来确定控制点间的相对位置关系。在 WGS-84 坐标系中是用三维直角坐标差表示点之间的相对位置关系的。那么这种点之间的相对位置量就是基线向量。它与常规控制测量中的基线向量相比,多了水平方向和垂直方向两种属性。基线解算主要分为以下三个步骤:

(1)进行初始解求解,即求整周模糊度参数以及基线向量的实数解;

(2)整周模糊度固定为整数;

(3)把固定位整周模糊度当作初始值,并带入法方程中,重新进行平差解算,得到的最后解就是固定解。

进行基线向量求解时,通常采用差分模型。用三差模型进行预求解,然后使用接收机和卫星间的双差模型进行精确求解。都是根据最小二乘原理来进行解算未知参数,从而得到基线向量解。

此次安装的系统所用解算软件是 Trimble 公司自行研制的,具有多选项频率类型、电离层类型、对流程类型等功能,基线处理速度较其他数据处理软件要快得多。

2.6.2.2 GNSS 网平差

GNSS 基线向量网是用基线向量相互连接而成的,这些基线向量通过同步观测和异步观测获得。对 GNSS 网平差有多种方法,依据平差时的坐标空间来划分,可以分为二维平差和三维平差。根据基线向量的检核目的以及约束条件不同来划分,可以分为无约束平差、约束平差和联合平差等。

1. 无约束平差

无约束平差是 GNSS 网平差中最常用的方法,也就是将 WGS-84坐标下任一点的伪距定位的三维坐标作为位置基准的平差。这种方法只需要知道必要的起始数据,就能按间接平差的一般方法来解算。GNSS 网无约束平差的重点在于检查观测值是否受到误差的影响;检验 GNSS 网的自身内部复核精度。同时,也为 GNSS 点提供大地高程数据,这样联合有关的正常高程数据就能求出 GNSS 点的正常高程。

2. 约束平差

约束平差实际上就是附有条件式的相关间接平差,也被称为非自由网平差。GNSS 网约束平差就是以某一条件为约束条件进行平差的,在 GNSS 测量中,该约束条件就是一些点在国家大地坐标系或者地方坐标系中的位置等信息。平差后不仅可以得到坐标的平差值以及对精度的可靠评定,而且可以实现坐标之间的相互转换。

3. 联合平差

联合平差是将用 GNSS 测得的基线向量观测值与用常规方法测得的边长、方位、高差等观测值进行的综合平差计算。联合平差既可以在空间直角坐标系中进行三维平差,也可以进行二维平差。由于联合平差也是附有约束条件的,因此也能在平差后将 GNSS 成果转换到国家大地坐标系中去。

2.6.3　解算软件

解算软件运行在数据服务中心,主要包含软件以下功能模块:

(1)数据处理。根据解算处理过程对 GNSS 基准站和 GNSS 观测站传回的观测文件进行解算处理设备端数据;解算软件使用的数据格式为 RTCM3.2,监测站和基准站的数据均为 RTCM 格式,标准数据帧结构如表 2-1 所示。

表 2-1　标准数据帧结构

序号	数据内容	比特数(bit)	说明
1	同步码	8	设为"11010011",十六进制为"D3"
2	保留	6	设为"000000"
3	信息长度	10	数据信息的长度,以字节数表示
4	数据信息	不定	最大 1 023bytes,若不是整数字节, 最后一个字节用 0 补足整字节数
5	CRC	24	校验

（2）监测站配置。解算软件支持串口或 TCP/IP 网络接口接收监测站原始数据，可对初始坐标、天线高度等进行配置（见图 2-8）。

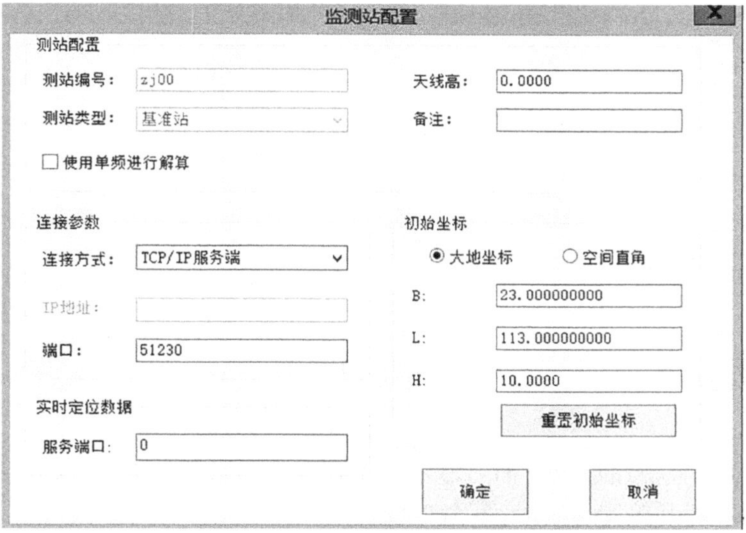

图 2-8 监测站配置

（3）坐标系统设置。解设软件支持 Beijing54、XiAn80、CGCS2000、WGS-84 等坐标系统（见图 2-9）。

图 2-9 坐标系统设置

（4）解算设置。可指定解算间隔，解算结果可转发至指定 TCP 端口转发，也可将结果保存至数据库（见图 2-10）。

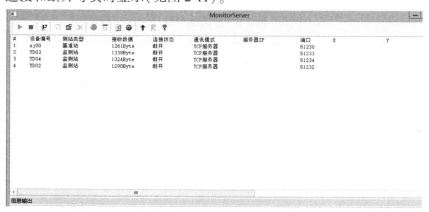

图 2-10　解算设置

（5）监测站显示界面。显示设备连接和接收数据情况，对设备的连接和断开等实时显示（见图 2-11）。

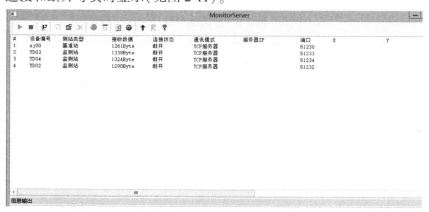

图 2-11　监测站显示

（6）解算结果显示。具体见图 2-12。

	Time	DevName	x(mm)	y(mm)	z(mm)
232	2021-02-22 15:49:30	YD04	-1.54	1.79	0.38
232	2021-02-22 15:59:30	YD02	0.19	0.23	0.70
232	2021-02-22 15:59:30	YD04	0.52	0.27	-1.16
232	2021-02-22 15:59:30	YD03	0.03	0.15	0.22
233	2021-02-22 16:09:30	YD02	0.00	0.03	0.58
233	2021-02-22 16:09:30	YD04	0.10	0.25	0.47
233	2021-02-22 16:09:30	YD03	0.02	0.16	0.52
233	2021-02-22 16:19:30	YD04	0.55	0.05	0.52
233	2021-02-22 16:19:30	YD02	0.33	0.17	0.42
233	2021-02-22 16:19:30	YD03	0.58	0.33	0.51
233	2021-02-22 16:29:30	YD04	0.19	0.12	0.21
233	2021-02-22 16:29:30	YD03	0.64	0.07	0.54
233	2021-02-22 16:39:30	YD02	0.55	0.01	0.15
234	2021-02-22 16:39:30	YD04	0.39	0.32	0.57
234	2021-02-22 16:49:30	YD03	0.05	0.15	0.23
234	2021-02-22 16:49:30	YD02	0.36	0.61	0.21
234	2021-02-22 16:50:00	YD03	0.14	0.83	0.27
234	2021-02-22 16:59:30	YD04	0.30	0.70	0.40
234	2021-02-22 16:59:30	YD02	0.03	0.29	0.04
234	2021-02-22 16:59:30	YD03	0.40	-1.03	0.13
234	2021-02-22 16:59:30	YD04	0.09	0.62	0.15

图 2-12　解算结果

2.6.4　解算精度分析

GNSS 接收机采用了"天琴"二代+"天鹰"高精度芯片,静态定位精度,水平方向达到了 2.5 mm,高程为 5 mm。GNSS 基准站和 GNSS 监测站实际运行后,获得解算数据,X、Y、Z 三个方向的偏移如图 2-13 所示。

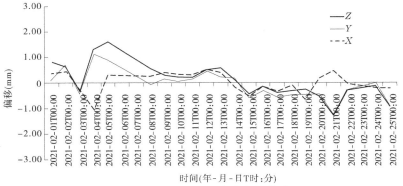

图 2-13　X、Y、Z 三个方向的偏移

实际精度优于 2 mm,达到了设计指标的要求。

2.7 进口高精度 GNSS 设备精度指标检验

2.7.1 检验目的

为与国内外先进产品测量精度进行对比,选择美国 Trimble 高精度全自动三维变形实时监测系统进行精度检验。该系统每台接收机价格约 10 万元,针对下述指标进行校核,针对 4~24 h 数据观测结果进行分析,以判断观测精度是否满足要求。其校核主要的指标要求如下:

(1)GNSS 实时观测:观测 12 h 后,可以实时、持续、稳定地监测水平 1 mm、垂直 2 mm 的变化量。

(2)GNSS 准实时观测:4 h 的 GNSS 数据观测处理可以监测到 2 mm 的变化量;8 h 的数据即可监测到 1 mm 的变化量。

(3)GNSS 后处理监测:24 h 或更长时间的数据处理可以监测到 1 mm 的变化量。

2.7.2 检验方法及过程

2.7.2.1 检验项目和要求

检验项目和要求见表 2-2。

表 2-2 校验项目和要求

试验项目	接收卫星	历时
水平位移 2.8 cm	GPS+北斗	4 h,6 h,12 h,24 h
向上垂直位移 1 cm	GPS+北斗	4 h,6 h,12 h,24 h

2.7.2.2 校验仪器

用于校验 GNSS 接收机的精度设备除通过其自身获得的相关位置参数外,另外采用了安装有千分尺的可控制水平位移和垂直位移的移动平台来实现。该移动平台水平位移和垂直位移精度可达到 0.01

mm,能够满足对 GNSS 接收机精度的校验要求。

2.7.2.3　校验场地

选择四周较为开阔场地制作 2 个 40 cm×40 cm 混凝土观测墩并预埋强制对中基座,以便于安装和校验 GNSS 接收机,其中 1 个观测墩作为固定点,另 1 个观测墩安装有千分尺控制的移动平台实现可量测的移动,如图 2-14 所示。

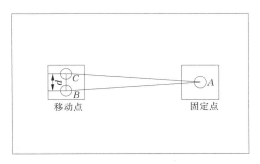

图 2-14　校验场地示意图

将 2 台 GNSS 接收机分别安置于 A、B 两点,设备安装完成后经过 6~12 h 的数据定位,以实现初始坐标的稳定。在此基础上移动 B 测点至 C 测点(水平方向或垂直方向),通过移动平台可读出水平方向和垂直方向移动的距离,并通过计算获得位移 d,再经过观测获得 C 点坐标,至此可以通过测量获取 A、B、C 三点坐标,然后计算得出 BC 间距离与实测值 d 相比较以校验观测准确性。校验试验现场见图 2-15。

图 2-15　校验试验现场图

2.7.2.4　校验过程

2019 年 8 月 15 日,场地观测墩浇筑。

2019 年 8 月 24 日,安装接收机,调试监测系统。

2019 年 8 月 25 日,将三维监测平台轴向、纵向及垂直向归零,系统开始精度校验工作。

2019 年 9 月 5 日,三维监测台轴向和纵向各调整 0.028 0 m,即水平向位移 0.028 m。

2019 年 9 月 13 日,三维监测台高程方向上调 0.010 0 m,即垂直方向位移 0.01 m。

2019 年 9 月 20 日,测试结束。

校验现场及过程如图 2-16~图 2-22 所示。

图 2-16　现场观测墩(近点为安装有移动平台测点,远点为固定点)

图 2-17 现场观测墩(固定点)

图 2-18 具有移动平台的观测墩(水平向未移动位置)

图 2-19　具有移动平台的观测墩(垂直向未移动位置)

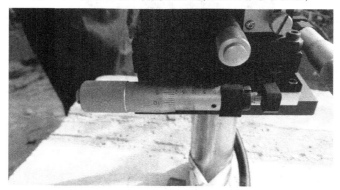

图 2-20　具有移动平台的观测墩(水平横向移动 0.020 m)

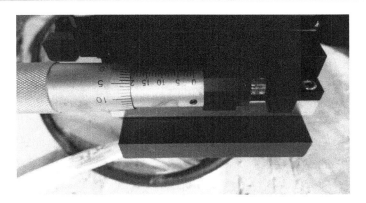

图 2-21　具有移动平台的观测墩(水平纵向移动 0.020 m)

图 2-22　具有移动平台的观测墩(垂直向移动 0.010 m)

2.7.3　检验结果及评价

2.7.3.1　4 h 解算数据及精度

1. 4 h 解算数据

4 h 解算数据见表 2-3。

表 2-3　4 h 解算数据

时间 （年-月-日 T 时：分）	dN(m)	dE(m)	dH(m)
2019-08-25T00：00	0.014 5	0.003 1	-0.019 9
2019-08-25T01：00	-0.003 0	0.003 8	0.011 1
2019-08-25T05：00	-0.003 0	0.003 8	0.011 1
2019-08-25T09：00	0.001 5	0.002 6	0.006 8
2019-08-25T13：00	-0.003 3	0.000 5	0.004 4
2019-08-25T17：00	-0.001 3	-0.001 7	0.003 3
2019-08-25T21：00	-0.001 3	-0.001 7	0.003 3
2019-08-26T01：00	0.000 6	-0.000 5	0.002 9
2019-08-26T05：00	0.000 4	0.002 3	0.005 3
2019-08-26T09：00	0.000 4	0.002 3	0.005 3
2019-08-26T13：00	0.000 4	0.002 3	0.005 3
2019-08-26T17：00	-0.000 8	-0.000 9	0.002 0
2019-08-26T21：00	0.001 9	-0.000 2	-0.000 9
2019-08-27T01：00	0.000 3	0.000 8	0.002 7
2019-08-27T05：00	0	0.002 9	0.006 1
2019-08-27T09：00	0	0.002 9	0.006 1
2019-08-27T13：00	0	0.002 9	0.006 1
2019-08-27T17：00	0.000 6	-0.003 3	-0.001 1
2019-08-27T21：00	0.001 6	-0.000 3	-0.004 2
2019-08-28T01：00	0.001 6	-0.000 3	-0.004 2
2019-08-28T05：00	0.001 0	0.001 8	0.009 5
2019-08-28T09：00	-0.001 5	0.003 5	0.008 1
2019-08-28T13：00	-0.001 5	0.003 5	0.008 1

续表 2-3

时间 （年-月-日 T 时:分）	dN（m）	dE（m）	dH（m）
2019-08-28T17:00	−0.001 0	−0.001 3	0.001 0
2019-08-28T21:00	0.001 3	0.000 1	−0.001 3
2019-08-29T01:00	−0.001 0	−0.001 3	0.001 0
2019-08-29T05:00	−0.001 6	0.001 1	0.003 4
2019-08-29T09:00	−0.001 6	−0.001 9	0.005 0
2019-08-29T13:00	0.001 3	0	−0.006 5
2019-08-29T17:00	−0.001 6	−0.001 9	0.005 0
2019-08-29T21:00	−0.001 6	−0.001 9	0.005 0
2019-08-30T01:00	0.001 3	0	−0.006 5
2019-08-30T05:00	0.001 3	0	−0.006 5
2019-08-30T09:00	−0.001 7	0.000 2	−0.003 8
2019-08-30T13:00	−0.001 7	0.000 2	−0.003 8
2019-08-30T17:00	0.000 1	−0.002 3	−0.003 0
2019-08-30T21:00	−0.001 7	0.000 2	−0.003 8
2019-08-31T01:00	−0.000 8	0.002 5	0.003 1
2019-08-31T05:00	−0.001 2	0.001 3	0.004 1
2019-08-31T09:00	−0.000 8	0.002 5	0.003 1
2019-08-31T13:00	−0.001 2	0.001 3	0.004 1
2019-08-31T17:00	−0.000 8	0.002 5	0.003 1
2019-08-31T21:00	−0.001 2	0.001 3	0.004 1
2019-09-01T01:00	−0.000 1	0.002 6	0.002 1
2019-09-01T05:00	−0.000 1	0.002 6	0.002 1
2019-09-01T09:00	−0.000 1	0.002 6	0.002 1

续表 2-3

时间 (年-月-日 T 时:分)	dN(m)	dE(m)	dH(m)
2019-09-01T13:00	-0.001 1	0.000 8	0.002 6
2019-09-01T17:00	-0.000 4	-0.001 9	0.001 6
2019-09-01T21:00	0.001 2	-0.001 3	-0.002 5
2019-09-02T01:00	-0.000 5	0.002 1	0.001 8
2019-09-02T05:00	0.001 2	-0.001 3	-0.002 5
2019-09-02T09:00	-0.000 5	0.002 1	0.001 8
2019-09-02T13:00	-0.000 7	-0.002 4	0.001 9
2019-09-02T17:00	-0.000 7	-0.002 4	0.001 9
2019-09-02T21:00	0.000 6	0.001 8	-0.003 6
2019-09-03T01:00	0.000 6	0.001 8	-0.003 6
2019-09-03T05:00	-0.000 4	0.001 2	0.004 3
2019-09-03T09:00	-0.000 4	0.001 2	0.004 3
2019-09-03T13:00	-0.000 4	0.001 2	0.004 3
2019-09-03T17:00	-0.000 2	-0.001 3	-0.000 8
2019-09-03T21:00	0.001 1	-0.000 3	-0.001 7
2019-09-04T01:00	-0.001 3	0.001 5	0
2019-09-04T05:00	-0.001 5	0.003 4	0.005 3
2019-09-04T09:00	-0.001 5	0.003 4	0.005 3
2019-09-04T13:00	-0.001 5	0.003 4	0.005 3
2019-09-04T17:00	-0.001 5	0.003 4	0.005 3
2019-09-04T21:00	-0.001 6	0.001 8	0.008 7
2019-09-05T01:00	-0.001 2	-0.022 2	0.000 6
2019-09-05T05:00	0.002 2	-0.025 8	0

续表 2-3

时间 （年-月-日 T 时:分）	dN（m）	dE（m）	dH（m）
2019-09-05T09:00	0.001 8	−0.026 0	0.000 7
2019-09-05T13:00	0.002 3	−0.025 7	0.008 7
2019-09-05T17:00	0.001 4	−0.029 8	−0.003 0
2019-09-05T21:00	0.003 9	−0.029 1	−0.000 2
2019-09-06T01:00	0.004 6	−0.027 7	−0.008 2
2019-09-06T05:00	0.004 2	−0.027 7	−0.000 3
2019-09-06T09:00	0.004 2	−0.027 7	−0.000 3
2019-09-06T13:00	0.001 9	−0.025 8	0.005 7
2019-09-06T17:00	0.003 9	−0.026 8	−0.001 0
2019-09-06T21:00	0.003 9	−0.026 8	−0.001 0
2019-09-07T01:00	0.003 9	−0.026 8	−0.001 0
2019-09-07T05:00	0.003 9	−0.026 8	−0.001 0
2019-09-07T09:00	0.001 9	−0.027 8	0.006 0
2019-09-07T13:00	0.001 9	−0.028 1	0.006 0
2019-09-07T17:00	0.001 9	−0.027 1	0.006 0
2019-09-07T21:00	0.001 9	−0.027 1	0.006 0
2019-09-08T01:00	0.001 7	−0.026 5	0.007 2
2019-09-08T05:00	0.001 7	−0.026 5	0.007 2
2019-09-08T09:00	0.001 7	−0.026 5	0.007 2
2019-09-08T13:00	0.001 4	−0.027 2	0.009 3
2019-09-08T17:00	0.001 3	−0.029 7	0.000 7
2019-09-08T21:00	0.001 4	−0.027 2	0.009 3
2019-09-09T01:00	0.002 4	−0.027 6	0.002 0

续表 2-3

时间 （年-月-日 T 时:分）	dN(m)	dE(m)	dH(m)
2019-09-09T05:00	0.002 4	−0.027 6	0.002 0
2019-09-09T09:00	0.002 4	−0.027 6	0.002 0
2019-09-09T13:00	0.002 3	−0.027 5	0.005 6
2019-09-09T17:00	0.002 3	−0.027 5	0.005 6
2019-09-09T21:00	0.000 7	−0.029 2	0.002 0
2019-09-10T01:00	0.000 7	−0.029 2	0.002 0
2019-09-10T05:00	0.002 8	−0.027 4	−0.005 3
2019-09-10T09:00	0.002 8	−0.027 4	−0.005 3
2019-09-10T13:00	0.000 9	−0.027 1	0.011 7
2019-09-10T17:00	0.001 2	−0.028 8	−0.008 2
2019-09-10T21:00	0.001 2	−0.026 8	−0.008 2
2019-09-11T01:00	0.001 2	−0.028 8	−0.008 2
2019-09-11T05:00	0.001 9	−0.027 9	−0.002 2
2019-09-11T09:00	0.001 9	−0.027 9	−0.002 2
2019-09-11T13:00	0.000 4	−0.026 8	−0.003 5
2019-09-11T17:00	−0.003 8	−0.025 6	−0.011 3
2019-09-11T21:00	0.001 7	−0.031 9	−0.001 7
2019-09-12T01:00	0.002 7	−0.026 9	−0.015 4
2019-09-12T05:00	0.002 7	−0.026 9	−0.015 4
2019-09-12T09:00	−0.000 1	−0.028 7	−0.005 2
2019-09-12T13:00	−0.000 1	−0.028 7	−0.005 2
2019-09-12T17:00	0.002 2	−0.027 4	−0.001 4
2019-09-12T21:00	0.001 6	−0.025 8	−0.005 9

续表 2-3

时间 （年-月-日 T 时:分）	dN（m）	dE（m）	dH（m）
2019-09-13T01:00	0.001 6	−0.026 8	−0.005 9
2019-09-13T05:00	0.001 6	−0.026 8	−0.005 9
2019-09-13T09:00	0.002 1	−0.028 8	0.019 4
2019-09-13T13:00	0.003 3	−0.025 2	0.021 3
2019-09-13T17:00	0.000 6	−0.025 8	0.015 9
2019-09-13T21:00	0.003 3	−0.025 2	0.021 3
2019-09-14T01:00	0.000 6	−0.026 8	0.015 9
2019-09-14T05:00	0.001 3	−0.026 9	0.009 9
2019-09-14T09:00	0.001 3	−0.026 9	0.009 9
2019-09-14T13:00	0.002 5	−0.026 5	0.016 4
2019-09-14T17:00	0.006 1	−0.022 2	−0.007 0
2019-09-14T21:00	0.002 5	−0.026 5	0.016 4
2019-09-15T01:00	0.006 1	−0.026 2	−0.007 0
2019-09-15T05:00	0.002 5	−0.026 5	0.016 4
2019-09-15T09:00	0.002 6	−0.026 9	0.009 7
2019-09-15T13:00	0.003 4	−0.027 1	0.018 5
2019-09-15T17:00	0.002 6	−0.026 9	0.009 7
2019-09-15T21:00	0.003 4	−0.027 1	0.018 5
2019-09-16T01:00	0.003 4	−0.027 1	0.018 5
2019-09-16T05:00	0.002 3	−0.022 1	0.008 9
2019-09-16T09:00	0.002 9	−0.022 1	0.008 9
2019-09-16T13:00	0.001 4	−0.024 7	0.007 8
2019-09-16T17:00	0.002 3	−0.026 1	0.008 9

续表 2-3

时间 (年-月-日 T 时:分)	dN(m)	dE(m)	dH(m)
2019-09-16T21:00	0.003 1	-0.027 9	0.019 4
2019-09-17T01:00	0	-0.024 3	0.008 4
2019-09-17T05:00	0.002 6	-0.028 1	0.010 2
2019-09-17T09:00	0.002 6	-0.027 1	0.010 2
2019-09-17T13:00	0	-0.024 3	0.008 4
2019-09-17T17:00	0.002 6	-0.026 1	0.010 2
2019-09-17T21:00	0.002 9	-0.027 2	0.018 9
2019-09-18T01:00	0.001 8	-0.025 3	0.015 6
2019-09-18T05:00	0.000 9	-0.026 9	0.018 1
2019-09-18T09:00	0.000 9	-0.026 9	0.018 1
2019-09-18T13:00	0.000 9	-0.026 9	0.018 1
2019-09-18T17:00	0.002 9	-0.021 5	0.008 9
2019-09-18T21:00	0.000 9	-0.026 9	0.018 1
2019-09-19T01:00	0.005 3	-0.022 1	-0.004 5
2019-09-19T05:00	0.005 3	-0.026 1	-0.004 5
2019-09-19T09:00	0.002 4	-0.027 6	0.008 2
2019-09-19T13:00	0.002 4	-0.026 6	0.008 2
2019-09-19T17:00	0.004 5	-0.025 1	0.000 1

2.4 h 解算折线图

4 h 解算折线图见图 2-23。

3.4 h 解算精度

根据中误差计算公式：$m = \pm\sqrt{\dfrac{[\Delta\Delta]}{n}}$，$n$ 为观测值个数。

水平位移中误差：$m = \pm 0.001\ 2$ m。

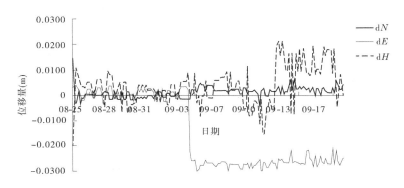

图 2-23　4 h 解算折线图

垂直位移中误差：$m = \pm 0.007\ 6$ m。

2.7.3.2　6 h 解算数据及精度

1. 6 h 解算数据

6 h 解算数据见表 2-4。

表 2-4　6 h 解算数据

时间 （年-月-日 T 时:分）	dN(m)	dE(m)	dH(m)
2019-08-25T06:00	−0.002 0	0.003 5	0.008 0
2019-08-25T12:00	−0.002 1	−0.002 8	−0.001 2
2019-08-25T18:00	−0.000 8	−0.004 0	−0.009 9
2019-08-26T00:00	−0.001 5	−0.001 4	−0.002 3
2019-08-26T06:00	−0.002 2	−0.002 4	0.008 5
2019-08-26T12:00	−0.002 9	−0.003 4	0.006 4
2019-08-26T18:00	0.001 7	−0.000 3	−0.003 9
2019-08-27T00:00	0.000 7	0.001 8	−0.000 7
2019-08-27T06:00	−0.000 4	0.002 9	0.008 4
2019-08-27T12:00	0.001 8	0.001 9	0.002 3

续表 2-4

时间 (年-月-日 T 时:分)	dN(m)	dE(m)	dH(m)
2019-08-27T18:00	0.002 2	−0.001 6	−0.006 0
2019-08-28T00:00	0.001 2	0.003 2	−0.002 2
2019-08-28T06:00	0.000 5	0.003 3	0.007 7
2019-08-28T12:00	−0.000 6	0.006 7	0.004 9
2019-08-28T18:00	0.001 6	−0.000 1	−0.004 5
2019-08-29T00:00	0.000 5	0.002 2	−0.001 8
2019-08-29T06:00	0.000 7	0.002 5	0.007 0
2019-08-29T12:00	−0.000 2	0.002 3	0.001 1
2019-08-29T18:00	0.000 8	0.000 3	−0.007 1
2019-08-30T00:00	0.000 8	0.002 2	−0.004 4
2019-08-30T06:00	0.000 3	0.003 1	0.006 8
2019-08-30T12:00	0.002 7	−0.001 1	−0.010 2
2019-08-30T18:00	0.002 5	−0.001 1	−0.011 4
2019-08-31T00:00	−0.001 1	0.002 7	0.004 6
2019-08-31T06:00	0.001 4	0.003 1	0.001 2
2019-08-31T12:00	0.001 8	0.000 7	−0.001 1
2019-08-31T18:00	0.001 6	−0.000 6	−0.003 9
2019-09-01T00:00	0.001 3	0.004 3	−0.008 1
2019-09-01T06:00	0.001 5	0.003 5	0.000 5
2019-09-01T12:00	0.002 1	0.000 2	−0.002 9
2019-09-01T18:00	0.000 9	−0.000 4	−0.003 5
2019-09-02T00:00	−0.002 0	0.000 1	0.006 0
2019-09-02T06:00	0.002 4	0.000 4	−0.004 2

续表 2-4

时间 （年-月-日 T 时：分）	dN（m）	dE（m）	dH（m）
2019-09-02T12：00	−0.002 4	−0.000 9	0.002 4
2019-09-02T18：00	0.000 5	−0.004 0	−0.004 2
2019-09-03T00：00	0.000 7	0.002 0	−0.002 9
2019-09-03T06：00	−0.001 7	0.001 6	0.009 6
2019-09-03T12：00	−0.001 0	0.002 6	0.004 8
2019-09-03T18：00	0.000 9	0	−0.003 5
2019-09-04T00：00	−0.000 6	0.001 6	−0.000 9
2019-09-04T06：00	−0.001 2	0.002 4	0.009 9
2019-09-04T12：00	−0.002 4	0.003 0	0.008 1
2019-09-04T18：00	0.000 9	−0.001 1	−0.002 9
2019-09-05T00：00	0.000 4	−0.008 4	−0.000 6
2019-09-50T06：00	0.001 9	−0.027 2	0.005 7
2019-09-05T12：00	0.001 1	−0.028 7	0.002 1
2019-09-05T18：00	0.003 4	−0.029 4	−0.004 6
2019-09-06T00：00	0.004 0	−0.026 8	−0.004 3
2019-09-06T06：00	0.002 1	−0.026 7	0.004 4
2019-09-06T12：00	−0.000 4	−0.023 4	0.008 6
2019-09-06T18：00	0.002 3	−0.026 8	−0.003 6
2019-09-07T00：00	0.004 4	−0.025 0	−0.003 6
2019-09-07T06：00	0.001 8	−0.025 5	0.005 6
2019-09-07T12：00	0.001 5	−0.027 0	0.005 7
2019-09-07T18：00	0.001 3	−0.028 5	0.001 1
2019-09-08T00：00	0.002 2	−0.027 0	−0.003 2

续表 2-4

时间 (年-月-日 T 时:分)	dN(m)	dE(m)	dH(m)
2019-09-08T06:00	0.000 4	−0.027 8	0
2019-09-08T12:00	0.001 7	−0.027 3	0.007 0
2019-09-08T18:00	0.001 5	−0.029 1	0.001 8
2019-09-09T00:00	0.000 5	−0.025 2	0.004 5
2019-09-09T06:00	0.001 0	−0.025 8	0.007 9
2019-09-09T12:00	0.002 3	−0.027 3	0.003 7
2019-09-09T18:00	0.001 7	−0.028 9	0.002 0
2019-09-10T00:00	0.001 8	−0.025 8	0.001 5
2019-09-10T06:00	−0.001 7	−0.027 0	0.009 9
2019-09-10T12:00	0.003 1	−0.027 3	−0.008 1
2019-09-10T18:00	0.001 6	−0.029 2	−0.005 5
2019-09-11T00:00	0.002 3	−0.027 7	−0.001 4
2019-09-11T06:00	−0.000 3	−0.025 7	0.002 1
2019-09-11T12:00	0.000 7	−0.026 1	−0.004 8
2019-09-11T18:00	0.001 9	−0.029 1	−0.003 3
2019-09-12T00:00	0.001 2	−0.026 0	−0.009 3
2019-09-12T06:00	−0.000 1	−0.025 0	−0.002 8
2019-09-12T12:00	0.001 7	−0.026 9	−0.003 8
2019-09-12T18:00	0.002 0	−0.027 8	−0.009 6
2019-09-13T00:00	0.004 6	−0.027 8	0
2019-09-13T06:00	0.000 3	−0.028 6	0.010 8
2019-09-13T12:00	0.001 7	−0.026 9	0.013 2
2019-09-13T18:00	0.000 9	−0.028 8	0.010 8

续表 2-4

时间 （年-月-日 T 时:分）	dN（m）	dE（m）	dH（m）
2019-09-14T00:00	0.004 4	−0.026 8	0.010 5
2019-09-14T06:00	−0.000 6	−0.022 0	0.010 2
2019-09-14T12:00	0.001 7	−0.027 1	0.009 5
2019-09-14T18:00	0.001 1	−0.029 0	0.015 9
2019-09-15T00:00	0.005 5	−0.028 7	0.011 4
2019-09-15T06:00	0.001 1	−0.027 2	0.009 3
2019-09-15T12:00	0.002 4	−0.027 1	0.009 5
2019-09-15T18:00	0.000 8	−0.028 3	0.011 2
2019-09-16T00:00	0.007 3	−0.027 1	0.010 2
2019-09-16T06:00	−0.000 2	−0.026 1	0.011 1
2019-09-16T12:00	0.002 8	−0.026 4	0.005 9
2019-09-16T18:00	0.001 5	−0.025 1	0.012 1
2019-09-17T00:00	0.006 4	−0.025 1	0.009 9
2019-09-17T06:00	−0.001 5	−0.027 0	0.013 3
2019-09-17T12:00	0.003 0	−0.025 9	0.012 4
2019-09-17T18:00	0.002 2	−0.027 9	0.016 8
2019-09-18T00:00	0.006 2	−0.026 2	0.010 5
2019-09-18T06:00	−0.000 3	−0.025 6	0.010 6
2019-09-18T12:00	0.001 5	−0.020 5	0.010 7
2019-09-18T18:00	0.002 5	−0.028 5	0.014 9
2019-09-19T00:00	0.007 0	−0.028 1	0.010 0
2019-09-19T06:00	0	−0.027 5	0.010 5
2019-09-19T12:00	0.002 8	−0.027 9	0.006 6

续表 2-4

时间 (年-月-日 T 时:分)	dN(m)	dE(m)	dH(m)
2019-09-19T18:00	0.002 3	-0.027 3	0.010 6
2019-09-20T00:00	0.006 4	-0.026 5	0.010 2
2019-09-20T06:00	0.001 0	-0.027 6	0.007 0

2.6 h 解算折线图

6 h 解算折线图见图 2-24。

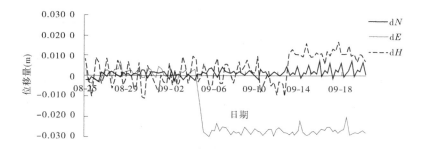

图 2-24　6 h 解算折线图

3.6 h 解算精度

根据中误差计算公式: $m = \pm\sqrt{\dfrac{[\Delta\Delta]}{n}}$, n 为观测值个数。

水平位移中误差: $m = \pm 0.001\ 5$ m。

垂直位移中误差: $m = \pm 0.002\ 5$ m。

2.7.3.3　12 h 解算数据及精度

1.12 h 解算数据

12 h 解算数据见表 2-5。

表 2-5　12 h 解算数据

时间 (年-月-日 T 时:分)	dN(m)	dE(m)	dH(m)
2019-08-25T00:00	0.000 4	0.002 4	0.004 2
2019-08-25T12:00	-0.000 4	-0.001 7	0.001 7
2019-08-26T00:00	0.000 9	-0.000 1	0.002 7
2019-08-26T12:00	-0.000 2	-0.000 8	0.001 0
2019-08-27T00:00	-0.000 2	0.001 4	0.004 2
2019-08-27T12:00	0.000 9	-0.001 4	0
2019-08-28T00:00	0.000 5	0.001 9	0.002 9
2019-08-28T12:00	-0.001 1	0.002 7	0.003 5
2019-08-29T00:00	0.000 2	0.001 2	0.002 8
2019-08-29T12:00	-0.001 1	0.001 2	-0.000 7
2019-08-30T00:00	0.000 3	0.001 6	0.001 0
2019-08-30T12:00	0.001 5	-0.000 6	-0.005 9
2019-08-31T00:00	-0.000 1	0.002 7	0.003 2
2019-08-31T12:00	0.000 7	-0.000 8	0.000 1
2019-09-01T00:00	0.000 4	0.003 4	-0.000 2
2019-09-01T12:00	0.000 1	-0.000 9	0.000 8
2019-09-02T00:00	0.000 4	0.002 3	-0.000 3
2019-09-02T12:00	-0.001 5	-0.001 9	-0.004 3
2019-09-03T00:00	-0.000 7	0.001 6	0.003 4
2019-09-03T12:00	-0.001 2	0.002 8	0.003 6
2019-09-04T00:00	-0.001 1	0.002 1	0.004 3
2019-09-04T12:00	-0.002 3	0.002 4	0.006 8
2019-09-05T00:00	0.002 2	-0.028 1	0.003 1

续表 2-5

时间 (年-月-日 T 时:分)	dN(m)	dE(m)	dH(m)
2019-09-05T12:00	0.001 0	-0.027 5	0.001 9
2019-09-06T00:00	0.003 1	-0.026 9	-0.001 0
2019-09-06T12:00	0.000 2	-0.029 4	0.004 0
2019-09-07T00:00	0.003 1	-0.029 1	-0.001 8
2019-09-07T12:00	0.001 1	-0.027 2	0.002 1
2019-09-08T00:00	0.002 3	-0.028 7	-0.002 7
2019-09-08T12:00	0.001 3	-0.028 7	0.004 1
2019-09-09T00:00	0.000 3	-0.028 4	0.000 9
2019-09-09T12:00	0.001 4	-0.028 1	0.001 0
2019-09-10T00:00	-0.000 4	-0.028 7	0.002 7
2019-09-10T12:00	0.001 7	-0.028 1	-0.001 5
2019-09-11T00:00	-0.000 6	-0.028 5	0.002 0
2019-09-11T12:00	-0.002 6	-0.027 5	0.000 8
2019-09-12T00:00	0.001 7	-0.028 2	-0.001 2
2019-09-12T12:00	0.001 4	-0.028 0	0.000 1
2019-09-13T00:00	0.003 4	-0.028 3	0.010 4
2019-09-13T12:00	0.002 3	-0.027 7	0.010 3
2019-09-14T00:00	0.002 6	-0.027 8	0.012 1
2019-09-14T12:00	0.002 5	-0.028 2	0.012 8
2019-09-15T00:00	0.002 4	-0.027 9	0.011 7
2019-09-15T12:00	0.002 5	-0.028 1	0.010 9
2019-09-16T00:00	0.002 5	-0.028 7	0.013 2
2019-09-16T12:00	0.002 5	-0.028 8	0.012 8

续表 2-5

时间 （年-月-日 T 时:分）	dN(m)	dE(m)	dH(m)
2019-09-17T00:00	0.001 2	−0.028 4	0.011 2
2019-09-17T12:00	0.003 1	−0.028 4	0.011 0
2019-09-18T00:00	0.003 2	−0.027 8	0.012 3
2019-09-18T12:00	0.002 2	−0.028 4	0.009 2
2019-09-19T00:00	0.001 9	−0.027 2	0.012 3
2019-09-19T12:00	0.002 2	−0.027 5	0.009 1
2019-09-20T00:00	0.005 3	−0.027 6	0.011 0

2. 12 h 解算折线图

12 h 解算折线图见图 2-25。

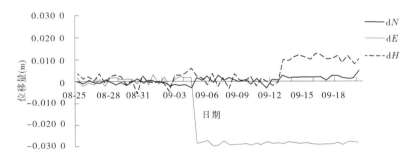

图 2-25　12 h 解算折线图

3. 12 h 解算精度

根据中误差计算公式：$m = \pm\sqrt{\dfrac{[\Delta\Delta]}{n}}$，$n$ 为观测值个数。

水平位移中误差：$m = \pm0.001\ 1$ m。

垂直位移中误差：$m = \pm0.001\ 5$ m。

2.7.3.4　24 h 解算数据及精度

1.24 h 解算数据

24 h 解算数据见表 2-6。

表 2-6　24 h 解算数据

时间 （年-月-日 T 时:分）	dN(m)	dE(m)	dH(m)
2019-08-25T00:00	-0.000 7	-0.000 7	0.002 0
2019-08-26T00:00	-0.000 6	0.000 8	0.002 7
2019-08-27T00:00	-0.000 1	0.000 4	0.002 1
2019-08-28T00:00	-0.000 2	0.001 8	0.001 3
2019-08-29T00:00	-0.000 2	0.000 4	0.001 2
2019-08-30T00:00	0.001 2	0.001 1	-0.004 6
2019-08-31T00:00	0.000 2	0.001 5	-0.000 4
2019-09-01T00:00	-0.000 3	0.001 7	0.001 1
2019-09-02T00:00	-0.000 7	0.000 7	0.001 4
2019-09-03T00:00	-0.000 4	0.002 2	0.000 9
2019-09-04T00:00	-0.001 4	0.001 2	0.004 3
2019-09-05T00:00	0.005 5	-0.027 2	-0.000 9
2019-09-06T00:00	0.001 7	-0.027 2	0.000 2
2019-09-07T00:00	0.002 0	-0.027 6	-0.000 8
2019-09-08T00:00	0.001 5	-0.027 0	-0.001 1
2019-09-09T00:00	0.001 4	-0.027 1	0.003 3
2019-09-10T00:00	0.000 6	-0.026 3	0.000 3
2019-09-11T00:00	-0.002 7	-0.026 2	-0.000 2
2019-09-12T00:00	0.001 4	-0.025 9	0.000 1
2019-09-13T00:00	0.002 9	-0.026 8	0.009 3

续表 2-6

时间 （年-月-日 T 时:分）	dN(m)	dE(m)	dH(m)
2019-09-14T00:00	0.002 8	−0.027 0	0.009 1
2019-09-15T00:00	0.002 8	−0.027 5	0.009 4
2019-09-16T00:00	0.002 7	−0.026 9	0.009 0
2019-09-17T00:00	0.002 5	−0.026 8	0.008 5
2019-09-18T00:00	0.002 6	−0.026 7	0.010 4
2019-09-19T00:00	0.002 2	−0.027 5	0.009 4
2019-09-20T00:00	0.005 3	−0.027 6	0.009 0

2.24 h 解算折线图

24 h 解算折线图见图 2-26。

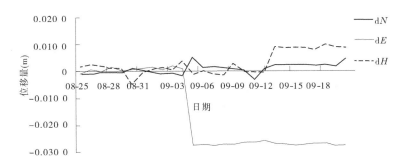

图 2-26　24 h 解算折线图

3.24 h 解算精度

根据中误差计算公式：$m = \pm\sqrt{\dfrac{[\Delta\Delta]}{n}}$，$n$ 为观测值个数。

水平位移中误差：$m = \pm 0.000\ 7$ m。

垂直位移中误差：$m = \pm 0.001\ 9$ m。

2.7.4　检验测试结论

通过现场精度指标校验测试,从图 2-27 可以看出,GNSS 在线监测系统在 12 h 或更长时间的数据处理,可以实时、持续、稳定地监测水平 1 mm、垂直 2 mm 的变化量,可满足任务书对实时监测精度的要求以及为预测预警提供数据支撑。

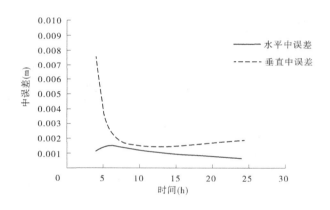

图 2-27　校验精度趋势图

从实际测试结果来看,本次测试过程中水平中误差随着数据的积累,其趋势逐渐减小,测试进行到 24 h 后中误差在 1 mm 以内,且仍有继续减小的趋势;而垂直中误差由于受环境影响因素较多,在 24 h 解算后,垂直中误值略有提高,但仍在 2 mm 以内,能够满足变形监测的要求。另外,值得注意的一点是,垂直中误差在 6 h 后急剧下降,表明现场实际监测应用时,只要积累一定的数据后,通过 6 h 以上的数据解算就可以大幅提高垂直位移的监测精度,这对常规仅采用水平位移监测的手段是极大的补充,可以满足水利工程高精度变形全天候实时监测的要求。在更长的时间内进行持续监测,将显著提高变形实时监测精度,并为进行预测预警持续提供变形量数据,可以满足水利工程长期、稳定、高精度变形监测需求。

2.8 示范点建设

为检验不同厂家设备的监测数据质量,分别在云南龙江水电枢纽、广西大藤峡水利枢纽和从化龙潭水库设置了试点工程,其中云南龙江水电枢纽采用美国进口的天宝 GNSS 监测系统,广西大藤峡水利枢纽采用国产的南方测绘 GNSS 监测系统,从化龙潭水库采用自主研发的基于北斗卫星定位系统的 GNSS 监测系统。

2.8.1 云南龙江水电枢纽工程

2.8.1.1 工程基本情况

龙江水电站枢纽工程位于云南省德宏傣族景颇族自治州潞西县境内,在龙江—瑞丽江流域的龙江干流上,坝址距芒市 70 km。该工程以发电、防洪为主,兼顾灌溉,并为城市供水、养殖和旅游提供有利条件。坝址以上控制流域面积 5 758 km²。坝址多年平均年径流量为 62.8 亿 m³/s。电站装机容量 240 MW,多年平均发电量 10.28 亿 kW·h,总库容 12.17 亿 m³,水库正常蓄水位 872 m。工程规模为大(1)型,工程等别为Ⅰ等;大坝及泄水建筑物为 1 级建筑物,引水发电系统及消能建筑物为 3 级建筑物。

枢纽由混凝土双曲拱坝、左岸引水系统及地面式厂房组成。坝顶高程 875.00 m,最大坝高 115 m,坝顶中心线弧长(包括溢流、重力墩坝段)472.00 m。

枢纽左岸高边坡由于持续性降雨导致山体滑坡,危害到枢纽安全。滑坡情况如图 2-28 所示。

2.8.1.2 监测站点布设

结合云南龙江水利枢纽工程的特点,为满足枢纽区水库大坝安全管理及日常变形监测需求,变形实时监测系统共布置有 2 个基点、6 个观测点;基点布置于水电站厂房和变电站两个基岩较为稳定部分,测点分别位于大坝坝体和两岸边坡,其中 3 个布置于坝顶,另外 3 个布置于两岸边坡。具体的布置位置见图 2-29,左岸为厂房边坡测点(Z_a)和缆机边坡

图 2-28　滑坡情况

测点(Z_g),右岸为大坝右岸边坡测点(Y_a),大坝最大坝高处及两岸重力墩分别布置 1 个测点,图 2-30 给出了测点沿轴线方向的纵向分布图。

2.8.1.3　系统组成

本系统采用美国天宝进口 GNSS 设备。三维变形实时监测与预警系统由 GNSS 监测单元、供电单元、通信单元和监控中心单元四个部分组成。监测单元主要由 GNSS 主机、天线构成。供电单元由太阳能供电单元或市电电源及电缆构成。通信单元由成对的无线网桥构成。监控中心单元由服务器、T4D 监测软件、监控与预警软件和网络机房设备组成。系统网络结构如图 2-31 所示。

GNSS 监测单元安装于各变形监测点和基点,GNSS 监测单元由 Trimble NetR9 GNSS 接收机和观测墩组成。选择 Trimble NetR9 GNSS

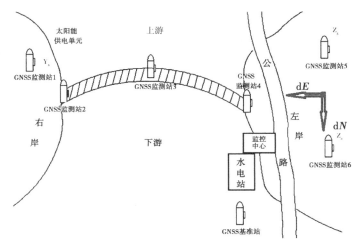

图 2-29 GNSS 监测点布置图

图 2-30 GNSS 监测点分布图

接收机作为主要监测设备,该设备是 Trimble 推出的适用于监测应用的新型 GNSS 设备,由 GNSS 主机、GNSS 天线、天线馈线、交流电源适配器等组成。

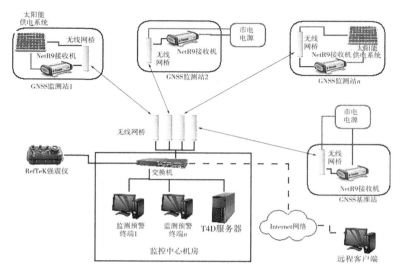

图 2-31　三维实时监测与预警系统结构

NetR9 接收机支持 GPS、GLONASS、GALILEO、北斗卫星星座,并且还可以扩展,主机具有 440 个通道,具有极强的卫星跟踪能力。内置 7 800 mAH 锂电池,可供 15 h 连续工作使用,在监测应用中该内置电池被用于外部电源断电情况下的紧急备用电源,以确保数据安全不丢失。接收机具有蓝牙、串口、Mini USB、RJ45 网口等接口,方便数据传输,用于连接外部设备、向外输出或从外部接收数据。在本项目中可采用 RJ45 网口向外传输原始观测数据,由 T4D 服务器接收后进行定位解算。

GNSS 接收机通过 GNSS 天线接收 GNSS 卫星信号,并将原始观测数据传输给监控中心的 Trimble 4D Control 专用解算软件,解算软件按设定的时间间隔对数据进行静态差分定位解算,得到每个观测墩顶部天线相位中心的高精度三维定位结果。两次定位坐标结果之差即为该时间段内发生的形变位移量。T4D 软件可提供所有接入的 GNSS 监测点的累计、当日、三日、一周、一月等不同时段形变—时间曲线,方便用户查看,获取形变随时间发展演化的规律。

2.8.1.4　供电系统

供电单元的功能是向监测预警系统的其他单元提供电源,包括 GNSS

监测单元、通信单元、监控中心单元。根据现场电源分布情况,将系统供电单元设计为既包含市电电源,又包含太阳能—风能互补电源组合配置。

监控中心单元采用市电电源。位于边坡上的 GNSS 监测点均采用太阳能—风能互补供电单元。通信单元的野外部分与 GNSS 监测单元安装在同一个设备箱内,采用同一电源。

太阳能—风能互补电源由以下几个部分组成:

(1)发电部分:由 1 台或者几台风力发电机和太阳能电池板矩阵组成,完成风—电、光—电的转换,并且通过充电控制器与直流中心完成给蓄电池组自动充电的工作。

(2)蓄电部分:由多节蓄电池组成,完成系统的全部电能储备任务。本系统可采用高性能的胶体蓄电池。

(3)充电控制器及直流中心部分:由风能和太阳能充电控制器、直流中心、控制柜、避雷器等组成。完成系统各部分的连接、组合以及对于蓄电池组充电的自动控制。

(4)供电部分:由一台或者几台逆变电源组成,可把蓄电池中的直流电能变换成标准的 220 V 交流电能,供给各种用电设备。

太阳能—风能互补电源结构如图 2-32 所示。

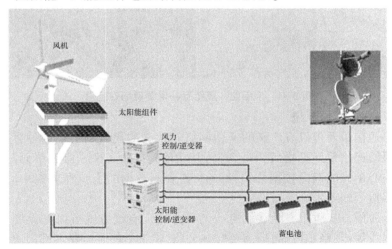

图 2-32　太阳能—风能互补电源结构

（5）防雷部分：市电电源或太阳能—风能互补电源均需设有专门的防雷设备。市电电源引入用电设备配电箱时必须首先接入技术规格适当的强电防雷器。太阳能—风能互补电源立杆底部接地，控制器和逆变器接地极统一接地，防止直击雷和感应雷破坏。太阳能—风能互补电源现场安装图见图 2-33。

图 2-33　太阳能—风能互补电源现场安装图

2.8.1.5　通信系统

通信单元可以有广义的通信网络和狭义的局域网通信两种含义。本系统通信单元是指后一种含义，其功能是实现 GNSS 监测单元与监控中心单元的双向数据传输，即 GNSS 观测数据的上传和监控中心服务器指令的下发。

通信方式可以有无线和有线两种方式。有线方式可以是光缆、室外网线等；其稳定可靠，但需要穿越公路，施工不便且需要多部门协调。

　　无线方式目前较为成熟的方案可以有 3 G/4 G 通信模块、5.8 G
无线网桥、ZigBee、远程蓝牙等,其中 3 G/4 G 通信方式涉及的费用较
大,每个监测点每年的费用约 2 000 元,且通信带宽受项目所在地的通
信资源(通信基站)的限制,无法确保稳定的通信速率,因此不予采用。
ZigBee 和蓝牙功耗较低,可以节省电力,在无专门供电单元的情况下,
通过干电池供电可长时间连续作业,其缺点是通信距离较近,通常在数
十米到数百米范围内,覆盖本项目全测区有一定困难。

　　5.8 G 无线网桥搭建项目地局部无线网络,在 2~3 km 范围内带宽
可达 5 Mb/s 以上。在通视无遮挡的情况下,无线网桥的通信稳定可
靠,且设备价格低廉,产品品牌多,选择范围大,目前无线网桥通信的商
用案例极多,属于成熟技术,是本系统较为理想的通信手段,如图 2-34
所示。

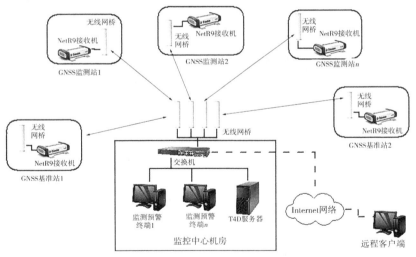

图 2-34　通信网络示意图

　　该无线网桥通信系统有效提高了系统通信的稳定性。通过 5.8 G
无线网桥搭建局部无线网络,在 2~3 km 范围内带宽可达 5 Mb/s 以
上。每一个测点固定一个 IP 地址,每一个接收机也有固定的 IP 地址。
网络配置图见图 2-35~图 2-38。

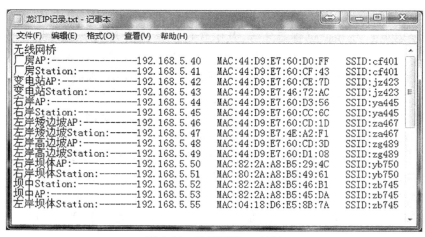

图 2-35　无线网桥 IP 地址

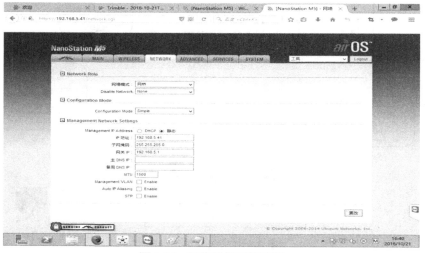

图 2-36　无线网桥网络配置

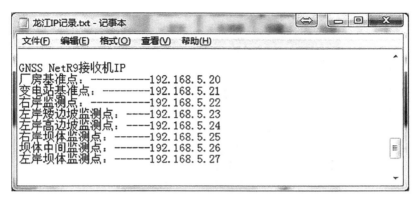

图 2-37　接收机 IP 地址

图 2-38　接收机网络配置

2.8.1.6　现场安装图

现场安装图见图 2-39~图 2-44。

图 2-39　GNSS 接收天线安装

图 2-40　GNSS 接线箱安装

图 2-41　无线网桥安装

图 2-42　观测基点

图 2-43　左岸厂房边坡监测点

图 2-44　太阳能供电系统

2.8.1.7 现场监测结果

经一年的运行,GNSS 系统的实时解算精度达 1 cm,后处理精度可达毫米级,具体解算结果如图 2-45、图 2-46 所示。

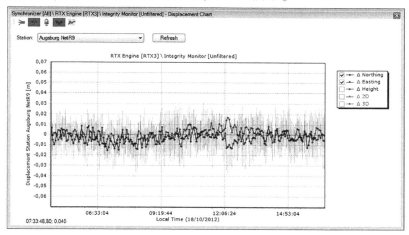

图 2-45 实时解算精度为厘米级

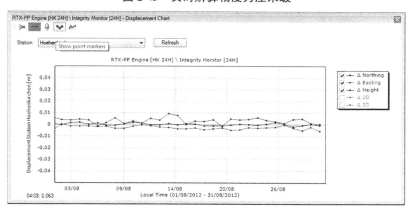

图 2-46 后处理解算精度为 3 mm

同时,变形与降雨形成较好的相关关系,如果采用人工观测,其观测频率较低,无法体现这种物理成因关系。

从位移过程线(见图 2-47)和德宏降雨情况(见图 2-48)可以看出,

6 月 7 日与 6 月 20 日前后工程所在地出现较大降雨,同时该时段平面位移也出现了极值。

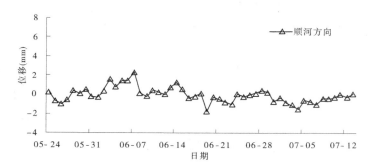

图 2-47　位移过程线

德宏2016年6月份天气详情					
日期	最高气温	最低气温	天气	风向	风力
2016-06-01	29	20	中雨~小雨	西南风	小于3级
2016-06-02	27	21	小雨	西南风	小于3级
2016-06-03	30	21	小雨	西南风	小于3级
2016-06-04	32	21	小雨	西南风	小于3级
2016-06-05	32	20	小雨~阴	东北风	小于3级
2016-06-06	31	21	小雨	西南风	小于3级
2016-06-07	30	21	阴~小雨	西南风	小于3级
2016-06-08	27	21	中雨	东北风	小于3级
2016-08-09	27	21	大雨~中雨	西北风	小于3级
2016-06-10	27	21	中雨	东北风	小于3级
2016-06-11	25	21	暴雨~中雨	西南风	小于3级
2016-06-12	26	20	暴雨~大雨	东南风	小于3级
2016-06-13	25	21	中雨	西南风	小于3级
2016-06-14	29	22	中雨~小雨	东南风	小于3级
2016-06-15	30	22	阴~小雨	东南风	小于3级
2016-06-16	28	22	中雨	东南风	小于3级
2016-06-17	27	22	中雨	东南风	小于3级
2016-06-18	29	22	中雨~小雨	西北风	小于3级
2016-06-19	26	21	暴雨~中雨	西北风	小于3级
2016-06-20	26	21	中雨	东北风	小于3级
2016-06-21	26	22	小雨	西南风	小于3级
2016-06-23	27	22	中雨~阴	东北风	小于3级

图 2-48　德宏降雨情况

2.8.2　广西大藤峡水利枢纽

2.8.2.1　工程基本情况

　　大藤峡水利枢纽工程是国务院批准的珠江流域防洪控制性枢纽工程,也是珠江—西江经济带和"西江亿吨黄金水道"基础设施建设的标志性工程,是两广合作、桂澳合作的重大工程。大藤峡水利枢纽工程位于珠江流域西江水系的黔江河段末端,坝址在广西桂平市黔江彩虹桥上游6.6 km处,地理坐标为东经110°01′,北纬23°28′,是红水河梯级规划中最末一个梯级。

　　大藤峡水利枢纽为大(1)型Ⅰ等工程,是一座以防洪、航运、发电、补水压咸、灌溉等综合利用的流域关键性工程。大藤峡水利枢纽正常蓄水位为61.0 m,汛期洪水起调水位和死水位为47.6 m,防洪高水位和1 000年一遇设计洪水位为61.0 m,10 000年一遇校核洪水位为64.23 m;水库总库容为30.13亿 m³,防洪库容和调节库容均为15亿 m³;电站装机容量1 600 MW,多年平均发电量72.39亿 kW·h;根据珠江三角洲压咸补淡等要求确定的思贤滘断面控制流量为2 500 m³/s;船闸规模按二级航道标准、通航2 000 t级船舶确定;控制灌溉面积136.66万亩(1亩=1/15 hm²,后同)、补水灌溉面积66.35万亩。

2.8.2.2　自动化监测的必要性

　　(1)右岸坝肩边坡到坝基高度超过100 m,坝顶以上也有40 m,一旦失稳滑坡,在施工期及运行期对人员及大坝安全都将造成灾难性的后果;近坝塌滑体危害虽然没有坝肩边坡危害大,但是同样也不容忽视。

　　(2)提高监测的实时性。在过去,通信和供电设施不完善的情况下,使用人工监测,监测周期从一周到二周不等,时间跨度偏长。而现在自动化监测等手段齐全,可以通过现代化的通信技术将检测周期提高到1 h一组结果。

　　(3)降低成本。人工监测费时费力,每年将会投入大量的人工进行测量、数据分析等工作。水利监测是一个长期的过程,宜建立自动化的监测系统,每年进行少量的维护工作,既能获取到数据,又能降低总体成本。应加强恶劣天气下的监测,提高数据的有效性。一般情况下,危险多发生于恶劣天气下,如大雨等。而在危险的情况下,人工监测往往获取不到有效数据。自动化监测不受天气因素影响,能够充分获取有效信息。

2.8.2.3　监测站点布设

为了更好地了解右岸坝肩高边坡以及近坝塌滑体的情况,最大程度地降低其对主体工程的影响,在这两个区域设置表面位移自动化监测及预警系统。

在 2 个监测区中间稳定山顶区域内布设 1 个基准点,编号为 JZ0。右岸上游坝肩边坡共计布设 2 个 GNSS 点,布设在高程分别为 55 m 和 100 m 处;右岸近坝塌滑体布设 2 个 GNSS 点,分别布置在高程 53 m 和 90 m 处。

2.8.2.4　系统组成

本系统采用南方测绘国产 GNSS 设备。该监测系统由 GNSS 监测单元、供电单元和中心云平台三部分组成。GNSS 监测单元采用一体化 GNSS 位移栈,整合了包括 GNSS 接收机与天线、通信模块、蓄电池和防雷模块。GNSS 位移栈结构如图 2-49 所示。供电单元由太阳能板及电缆构成。中心云平台由服务器、监测软件、后处理软件和网络机房设备组成。系统网络结构如图 2-50 所示。

图 2-49　一体化 GNSS 位移栈结构

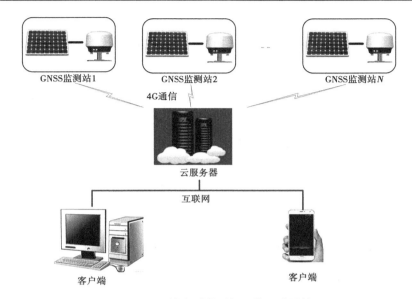

图 2-50　三维实时监测与预警系统结构

GNSS 监测站安装于各变形监测点和基点,GNSS 监测单元由南方测绘位移栈 GNSS 接收机和观测墩组成。选择南方测绘位移栈 GNSS 接收机作为主要监测设备,该设备是南方测绘于 2020 年新推出的适用于监测应用的新型 GNSS 设备。该位移栈采用一体机设计,硬件集成高精度卫星定位板卡、扼流圈天线、蓄电池、网络模块、温度传感器、蓝牙、Wi-Fi、浪涌保护器模块,兼具便携化、低功耗、强稳定、可靠耐用等特点,双系统运行模式,确保数据稳定性,适应于各类复杂监测场景。位移栈接收机支持 BDS(北斗卫星)、GPS、GLONASS、GALILEO、SBAS,并且还可以扩展,主机具有 440 个通道,具有极强的卫星跟踪能力。可接收未经滤波、未平滑的伪距测量数据,用于低噪声、低多路径误差、低时域相关性和高动态响应,可进行噪声极低的 GNSS 载波相位测量,1 Hz 带宽内的精度<1 mm。内置大容量锂电池,外接供电支持 9~36 V 宽幅直流电源输入,提供两路电源输入接口,带过压过流保护。采用 eSIM 卡技术,内嵌 eSIM 芯片,不用插卡,实时提供网络资源,保障主机网络作业持续在线。接收机具有蓝牙、串口、以太网、Wi-Fi、移动通信

(4 G 全网通)等接口,方便数据传输,用于连接外部设备、向外输出或从外部接收数据。在本项目中采用 4 G 移动通信将数据传输至云服务器。

GNSS 接收机通过 GNSS 天线接收 GNSS 卫星信号,并将原始观测数据传输给监控中心云平台,解算软件按设定的时间间隔对数据进行静态差分定位解算,得到每个观测墩顶部天线相位中心的高精度三维定位结果。两次定位坐标结果之差即为该时间段内发生的形变位移量。云平台全面兼容 25+类传感器,运用探针技术,强化位移栈和云端通信的稳定性,提高数据可用率。客户端可图表化显示测点信息,测区情况可视化掌握,长期数据曲线展示,对整体监测情况一目了然。设备支持云端全参数配置、升级等操作,提高运维效率。

2.8.2.5 供电系统

供电系统采用一体化太阳能板设计,包括 100 W 太阳能板、80 Ah 锂电池和内置充电控制器。监测站整机工作电流小于 300 mA,阴雨天时,电池可供设备持续工作 260 h。

2.8.2.6 现场安装图

现场安装图见图 2-51、图 2-52。

图 2-51　滑坡体测点

图 2-52　高边坡测点

2.8.2.7　管理云平台

供电系统采用一体化太阳能板设计,包括 100 W 太阳能板、80 Ah 锂电池和内置充电控制器。监测站整机工作电流小于 300 mA,阴雨天时,电池可供设备持续工作 260 h。

2.8.2.8　现场监测结果

现场监测结果见图 2-53、图 2-54。

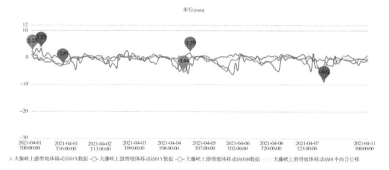

图 2-53　后处理优化前精度 4 mm

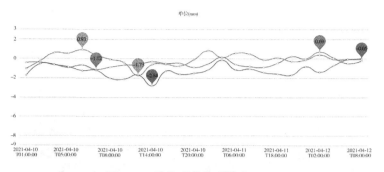

图 2-54　后处理优化后精度 1 mm

2.8.3　龙潭水库

2.8.3.1　基本情况

龙潭水库位于从化区西南部,城郊镇城康村境内,地处清远、佛冈、从化三地之间。坝址以上控制集雨面积 8.62 km²,干流河长 3.79 km。水库大坝为均质土坝,坝顶宽度 4.5 m,最大坝高 28.40 m,坝轴线长 400 m。水库的工程等别为Ⅳ等,为小(1)型水库,主要建筑物级别为 4 级,次要建筑物级别为 5 级。

龙潭水库于 1955 年 12 月动工兴建,1956 年 4 月完工后蓄水灌溉。原建坝顶高程 214.00 m,最大坝高 24 m,灌溉库容 305 万 m³。鉴于水库集雨面积较大,且地势较高,为扩大下游灌溉面积,1972 年 9 月对原坝进行扩建,坝顶高程达 219.35 m,灌溉库容增加 285 万 m³。加高后的水库原设计洪水标准为 20 年一遇设计,200 年一遇校核,死水位 203.50 m,死库容 4.7 万 m³,正常蓄水位 215.20 m,相应库容 600 万 m³;设计洪水位 216.60 m,相应库容 612.7 万 m³;校核洪水位 216.90 m,总库容 633.5 万 m³。2010 年安全达标按 50 年一遇设计、500 年一遇校核的洪水标准进行防洪复核,水库设计洪水位为 216.28 m,相应库容 598.68 万 m³,校核洪水位为 216.84 m,总库容 629.92 万 m³。2019 年安全达标按 50 年一遇设计、500 年一遇校核的洪水标准进行防洪复核,设计洪水位为 216.95 m,相应库容为 634.86 万 m³;校核洪水位为 217.60 m,相应库容为 664.58 万 m³。

大坝基本情况见图 2-55~图 2-58。

图 2-55 大坝俯视图

图 2-56 大坝迎水坡

图 2-57　坝顶现状

图 2-58　大坝背水坡

目前,大坝的监测有水位、雨量、气温等环境数据,大坝变形监测和测压管观测无资料。水位雨量监测目前在运行的自动采集设备比较阵旧,水位传感器为压力式水位计,雨量计为翻斗式雨量计,通信设备为短波无线通信,遥测终端已不能正确采集水位,实际仍需要人工读取水尺进行库水位观测;采用表面变形观测墩使用水准仪、全站仪进行人工表面变形观测;采用人工测量设置于坝坡的测压管水位进行坝内渗透压力监测;采用人工读取量水堰的堰上水头换算坝体渗流监测。现有的监测方式需要安排专人进行监测工作,观测频率较低且数据受人为影响较大,数据整理上报周期较长,尤其是在汛期或者紧急情况下无法及时获取与大坝安全有关的数据信息。

为了及时了解龙潭水库大坝的工作性态,提高工程管理水平,对现有的部分大坝安全监测手段进行自动化改造,实现工程的无人值班、少人值守的管理模式。

2.8.3.2 监测站点布设

大坝监测项目充分利用现有的大坝变形观测墩进行设备的安装,安装示意图如图2-59所示。

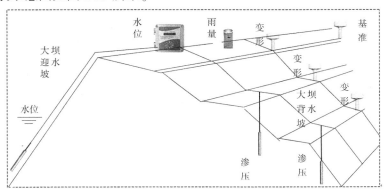

图2-59 设备安装示意

本系统采用自主研发的基于北斗卫星定位信条的 GNSS 设备。GNSS 形变监测包括1个基准站和3个监测站,设备主要参数如下:

(1)设备采用太阳能板和电池联合供电。

(2)通信方式:支持 NB、GPRS、4 G、LORA 等。

（3）高程测量精度：6 mm。

（4）水平测量精度：3 mm。

2.8.3.3　电源供电系统

供电系统采用一体化太阳能板设计，包括 100 W 太阳能板、80 Ah 锂电池和内置充电控制器。监测站整机工作电流小于 300 mA，阴雨天时，电池可供设备持续工作 260 h。

2.8.3.4　现场安装图

现场安装图如图 2-60 所示。

（a）　　　　　　　　　　　（b）

（c）

图 2-60　现场安装图

2.8.3.5　现场监测结果

1.10 min 解算数据及精度

（1）10 min 解算数据见表 2-7。

表 2-7 10 min 解算数据

时间 (年-月-日 T 时:分)	X(mm)	Y(mm)	Z(mm)
2020-11-18T13:19	0	0	0
2020-11-18T13:29	0.64	1.12	1.75
2020-11-18T13:39	0.05	0.13	0.78
2020-11-18T13:49	0.13	−0.19	0.40
2020-11-18T13:59	0.30	−0.87	0.31
2020-11-18T14:09	0.54	−0.11	−0.56
2020-11-18T14:19	−0.07	0.04	−0.20
2020-11-18T14:29	−0.19	−0.05	−0.01
2020-11-18T14:39	0.14	0.26	0.01
2020-11-18T14:49	0.36	0.24	0.44
2020-11-18T14:59	−0.18	−0.02	0.24
2020-11-18T15:09	1.11	−1.20	−1.28
2020-11-18T15:19	−0.87	0.35	0.86
2020-11-18T15:29	−0.16	0.06	0
2020-11-18T15:39	0.04	−0.18	−0.22
2020-11-18T15:49	0.04	−0.64	−0.37
2020-11-18T15:59	−0.20	0.15	0.21
2020-11-18T16:09	−0.34	0.13	0.73
2020-11-18T16:19	−0.08	0.90	0.69
2020-11-18T16:29	0.46	0.38	0.25
2020-11-18T16:39	0.07	−0.13	0.03
2020-11-18T16:49	−0.31	−0.82	−0.79
2020-11-18T16:59	0.04	0.70	−0.31

续表 2-7

时间 (年-月-日 T 时:分)	X(mm)	Y(mm)	Z(mm)
2020-11-18T17:09	0.15	-0.51	-0.13
2020-11-18T17:19	0.34	-0.74	-0.04
2020-11-18T17:29	0.16	-0.82	-0.22
2020-11-18T17:39	-0.09	-0.45	-0.11
2020-11-18T17:49	-0.73	1.76	0.57
2020-11-18T17:59	-1.22	1.81	0.17
2020-11-18T18:09	0.10	-0.11	-0.07
2020-11-18T18:19	0.85	-0.81	-0.46
2020-11-18T18:29	-0.25	-0.28	-0.53
2020-11-18T18:39	0.09	-0.45	-0.54
2020-11-18T18:49	0.32	-0.65	-0.49
2020-11-18T18:59	0	0.11	-0.04
2020-11-19T17:49	0.84	-1.26	0.36
2020-11-20T10:39	-0.05	-2.47	-0.2
2020-11-21T10:39	0.56	-0.25	-0.42
2020-11-22T10:39	0.11	-0.16	-0.53
2020-11-22T13:59	0.11	-0.16	-0.53
2020-11-25T16:09	0.14	-0.14	-0.23
2020-11-25T16:19	0.08	-0.90	-0.76
2020-11-25T16:29	0.80	-0.26	-0.31
2020-11-25T16:39	0.09	-0.19	0
2020-11-25T16:49	0.59	-0.60	-0.08
2020-11-25T16:59	-0.11	-0.24	-0.07

续表 2-7

时间 (年-月-日 T 时:分)	X(mm)	Y(mm)	Z(mm)
2020-11-25T17:09	0.16	−0.13	−0.02
2020-11-25T17:19	−0.57	0.86	0.25
2020-11-25T17:29	−1.94	1.75	0.01
2020-11-25T17:39	−0.10	0.13	0.27
2020-11-25T17:49	0.45	−0.30	−0.02
2020-11-25T17:59	−0.21	−0.11	0.03
2020-11-25T18:09	0.05	−0.36	−0.31
2020-11-25T18:19	0.15	−0.05	−0.41
2020-11-25T18:29	−0.72	−0.19	−0.07
2020-11-25T18:39	−0.19	−0.44	0.35
2020-11-25T18:49	−0.32	−0.14	0.48
2020-11-25T18:59	0.08	−0.91	0.41
2020-11-25T19:00	0.34	−0.31	−0.12
2020-11-26T13:19	1.60	3.45	−1.46
2020-11-26T13:29	0.23	−3.10	−0.47
2020-11-26T13:39	0.99	0.20	−0.59
2020-11-26T13:49	0.07	−0.66	−0.39
2020-11-26T13:59	−0.51	1.15	0.25
2020-11-26T14:09	0.10	−0.01	0.02
2020-11-26T14:19	0.65	0.30	0.27
2020-11-26T14:29	0.69	−0.69	−1.07
2020-11-26T14:39	0.20	−0.66	0
2020-11-26T14:49	−0.51	0.02	0.38

续表 2-7

时间 (年-月-日 T 时:分)	X(mm)	Y(mm)	Z(mm)
2020-11-26T14:59	−0.06	−0.36	0.26
2020-11-26T15:09	−0.17	−0.41	0.08
2020-11-26T15:19	−0.13	−0.82	0.18
2020-11-26T15:29	−0.04	−0.65	0.90
2020-11-26T15:39	−0.49	−0.05	0.80
2020-11-26T15:49	−0.01	0.87	0.59
2020-11-26T15:59	−0.02	0.48	0.54
2020-11-26T16:09	0.11	−0.26	−0.33
2020-11-26T16:19	−0.58	−0.67	−0.64
2020-11-26T16:29	−1.91	2.54	0.77
2020-11-26T16:39	0.38	−1.19	−0.29
2020-11-26T16:49	0.79	−0.43	0.13
2020-11-26T16:59	−0.03	−0.58	−0.32
2020-11-26T17:09	0.03	0.06	0.06
2020-11-26T17:19	−0.18	2.07	1.02
2020-11-26T17:29	−0.27	−1.07	−1.97
2020-11-26T17:39	0.69	−0.38	0.04
2020-11-26T17:49	0.43	−0.54	−0.06
2020-11-26T17:59	−0.26	−0.36	−0.63
2020-11-26T18:09	0.52	−0.68	−0.45
2020-11-26T18:19	0.31	−0.18	−0.30
2020-11-26T18:29	−0.10	−0.19	0.18
2020-11-26T18:39	−0.12	0.10	0.55

续表 2-7

时间 (年-月-日 T 时:分)	X(mm)	Y(mm)	Z(mm)
2020-11-26T18:49	0.05	-0.02	0.3
2020-11-26T18:59	-0.02	-1.42	0.36
2020-11-26T19:01	0.42	-0.77	-0.09
2020-11-27T13:19	-1.33	4.74	2.47
2020-11-27T13:29	-0.12	0.27	-0.64
2020-11-27T13:40	1.05	-0.69	-0.8
2020-11-27T13:49	-1.31	0.59	0.69
2020-11-27T13:59	0.25	0.20	-0.12
2020-11-27T14:09	0.29	0.15	0.15
2020-11-27T14:19	0.17	0	-0.80
2020-11-27T14:29	0.02	0.61	-0.05
2020-11-27T14:39	-0.23	0.17	0.04
2020-11-27T14:49	-0.19	0.04	0.14
2020-11-27T14:59	-0.09	-0.05	0.17
2020-11-27T15:09	-0.24	-0.08	0.10
2020-11-27T15:19	-0.19	-0.07	-0.27
2020-11-27T15:29	-0.43	0.26	0.61
2020-11-27T15:39	-0.33	0.62	0.32
2020-11-27T15:49	0.45	0.68	0.34
2020-11-27T15:59	-0.04	0.49	0.33
2020-11-27T16:09	-0.04	-0.20	-0.20
2020-11-27T16:19	-0.28	1.46	0.51
2020-11-27T16:29	0.75	-0.73	-0.20

续表 2-7

时间 (年-月-日 T 时:分)	X(mm)	Y(mm)	Z(mm)
2020-11-27T16:39	1.11	-1.49	-0.04
2020-11-27T16:49	0.04	-0.21	0.15
2020-11-27T16:59	-0.01	-0.51	-0.10
2020-11-27T17:09	0.03	-0.15	-0.32
2020-11-27T17:19	-2.29	3.25	1.84
2020-11-27T17:29	0.41	-0.48	-0.54
2020-11-27T17:39	0.55	-0.56	-0.37
2020-11-27T17:49	-0.04	-0.30	-0.29
2020-11-27T17:59	-0.19	-0.11	-0.37
2020-11-27T18:09	-0.01	-0.10	-0.4
2020-11-27T18:19	-0.20	-0.14	-0.04
2020-11-27T18:29	-0.29	-0.57	0.23
2020-11-27T18:39	-0.24	-0.07	0.41
2020-11-27T18:49	-0.03	-0.05	0.07
2020-11-27T18:59	0.22	-1.97	0.56
2020-11-27T19:00	0.52	-1.31	-0.38
2020-11-28T13:19	0.37	-0.47	-1.93
2020-11-28T13:29	0.57	0.96	-0.19
2020-11-28T13:39	0.85	0.05	-0.44
2020-11-28T13:49	-0.64	0.33	-0.31
2020-11-28T13:59	0.23	0.10	0.39
2020-11-28T14:09	1.01	-1.19	-1.26
2020-11-28T14:19	-0.86	1.40	0.59

续表 2-7

时间 （年-月-日 T 时：分）	X（mm）	Y（mm）	Z（mm）
2020-11-28T14：29	0.48	−0.30	−0.47
2020-11-28T14：39	−0.29	0.25	0.12
2020-11-28T14：49	0	0.32	0.12
2020-11-28T14：59	−0.26	0.04	0.35
2020-11-28T15：09	−0.17	−0.27	−0.19
2020-11-28T15：19	−0.24	0.05	0.49
2020-12-30T14：40	−1.18	−1.35	2.96
2020-12-30T14：49	−1.31	2.36	0.64
2020-12-30T14：49	0	0	0
2020-12-30T14：59	−1.64	2.02	1.11
2020-12-30T14：59	−0.81	2.60	1.55
2020-12-30T15：03	−1.12	0.06	−0.26
2020-12-30T15：03	0	0	0
2020-12-30T15：15	0	0	0
2020-12-30T15：29	0.95	1.42	0.71
2020-12-30T15：29	0	0	0
2020-12-30T15：39	1.32	−1.85	−2.87
2020-12-30T15：49	0.38	0.01	−1.43
2020-12-30T16：00	0.48	0.79	−0.39
2020-12-30T16：09	0.18	−0.68	−0.50
2020-12-30T16：19	1.60	−1.39	0.43
2020-12-30T16：29	−2.11	1.84	0.52
2020-12-30T16：39	0.02	−1.18	0.84

续表 2-7

时间 (年-月-日 T 时:分)	$X(\text{mm})$	$Y(\text{mm})$	$Z(\text{mm})$
2020-12-30T16:49	1.55	-0.89	-1.86
2020-12-30T16:59	0.91	-1.31	0.41
2020-12-30T17:02	-0.18	0.07	0.12
2020-12-31T12:19	1.46	-1.73	-2.34
2020-12-31T12:29	-0.09	-1.07	0.68
2020-12-31T12:39	-0.20	0.06	0.78
2020-12-31T12:50	-1.58	2.24	0.94
2020-12-31T12:59	-0.32	0.13	-0.35
2020-12-31T13:09	-0.08	0.01	0.01
2020-12-31T13:19	0.35	-0.12	-0.41
2020-12-31T13:29	0.37	0.38	0.48
2020-12-31T13:39	0.23	0.40	0.28
2020-12-31T13:49	0.04	0.41	0.21
2020-12-31T13:59	0.40	0.25	-0.05
2020-12-31T14:06	0.66	-1.01	-0.08
2020-12-31T14:19	1.23	-0.59	0.26
2020-12-31T14:29	-0.61	-0.13	-0.15
2020-12-31T14:39	-0.76	0.85	-0.21
2020-12-31T14:49	-0.13	0.17	0.36
2020-12-31T14:59	-1.59	1.77	0.13
2020-12-31T15:09	-0.42	0.37	0.17
2020-12-31T15:19	-0.42	0.43	0.84
2020-12-31T15:29	0.22	-1.35	-1.04

续表 2-7

时间 （年-月-日 T 时:分）	$X(\text{mm})$	$Y(\text{mm})$	$Z(\text{mm})$
2020-12-31T15:39	−0.56	0.16	0.09
2020-12-31T15:49	1.24	−1.20	−0.60
2020-12-31T15:59	0.42	0.03	−0.75
2020-12-31T16:07	−0.04	−0.34	−0.18
2020-12-31T16:15	−0.29	1.22	−0.13
2020-12-31T16:29	−0.55	1.14	−0.36
2020-12-31T16:39	0.98	−2.27	0.63
2020-12-31T16:49	0.62	0.80	−0.50
2020-12-31T16:59	1.15	−2.36	0.81
2020-12-31T17:03	−0.50	0.32	0.71
2021-01-01T12:19	−0.59	−1.88	−1.71
2021-01-01T12:29	0.60	−0.03	1.05
2021-01-01T12:39	−0.69	0.67	0.43
2021-01-01T12:49	−1.36	1.32	0.33
2021-01-01T12:59	−0.22	0.17	−0.04
2021-01-01T13:09	−0.02	0.01	−0.03
2021-01-01T13:19	0.59	−0.13	−0.65
2021-01-01T13:29	0.28	0.45	0.30
2021-01-01T13:39	0.47	0.10	−0.17
2021-01-01T13:49	0.55	0.81	0.56
2021-01-01T13:59	−0.17	0.60	0.12
2021-01-01T14:09	0.36	0.04	0.26
2021-01-01T14:19	0.42	−0.66	0

续表 2-7

时间 (年-月-日 T 时:分)	X(mm)	Y(mm)	Z(mm)
2021-01-01T14:29	−0.45	0.54	−0.2
2021-01-01T14:39	−0.08	0.19	−0.17
2021-01-01T14:49	−0.59	1.81	0.66
2021-01-01T14:59	−2.18	2.43	0.65
2021-01-01T15:06	0.25	−0.66	−0.30
2021-01-01T15:20	−0.27	0.25	0.20
2021-01-01T15:29	0.27	−1.41	−1.26
2021-01-01T15:39	0.23	−0.47	−0.55
2021-01-01T15:49	0.91	−0.51	−0.72
2021-01-01T15:59	0.51	−1.21	−0.47
2021-01-01T16:06	−0.12	0	0.31
2021-01-01T16:19	−0.50	1.53	−0.20
2021-01-01T16:29	−0.02	−0.61	0.26
2021-01-01T16:39	0.89	−1.96	0.49
2021-01-01T16:49	0.74	0.06	−0.77
2021-01-01T16:59	0.23	−1.36	0.82
2021-01-01T17:02	0.04	−0.11	0.17
2021-01-02T12:19	−0.04	−2.79	−0.66
2021-01-02T12:29	−0.01	1.47	1.56
2021-01-02T12:39	−1.27	2.05	0.85
2021-01-02T12:49	−0.69	0.26	−0.57
2021-01-02T12:59	−0.09	−0.20	−0.30
2021-01-02T13:09	−0.02	−0.08	−0.23

续表 2-7

时间 （年-月-日 T 时:分）	X（mm）	Y（mm）	Z（mm）
2021-01-02T13:19	0.71	0.15	0.09
2021-01-02T13:29	0.24	0.33	0.22
2021-01-02T13:39	0.28	-0.11	-0.36
2021-01-02T13:49	1.18	0.20	0.77
2021-01-02T13:59	-0.35	0.60	0.13
2021-01-02T14:05	0.70	-0.31	0.31
2021-01-02T14:19	-0.36	0.74	-0.09
2021-01-02T14:29	-0.52	-0.18	-0.55
2021-01-02T14:39	-0.03	-0.19	0
2021-01-02T14:49	-2.75	3.57	0.93
2021-01-02T14:59	0.22	-0.37	-0.22
2021-01-02T15:09	0.30	-0.77	-0.21
2021-01-02T15:19	-0.05	-0.28	-0.63
2021-01-02T15:29	-0.28	-0.39	-0.48
2021-01-02T15:39	0.76	-0.64	-0.88
2021-01-02T15:49	0.65	-0.70	-0.22
2021-01-02T15:59	0.26	-0.85	-0.26
2021-01-02T16:06	-0.23	-0.30	0.51
2021-01-02T16:19	-0.34	0.79	-0.24
2021-01-02T16:30	0.61	-1.35	0.29
2021-01-02T16:39	0.80	-1.77	0.23
2021-01-02T16:49	0.29	1.56	-0.40
2021-01-02T16:59	-0.22	-0.91	1.40

（2）10 min 解算折线图见图 2-61。

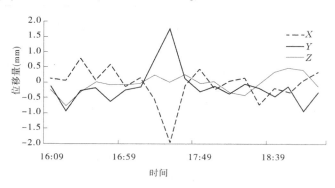

图 2-61　10 min 解算折线图

（3）10 min 解算精度。

根据中误差计算公式：$m = \pm\sqrt{\dfrac{[\Delta\Delta]}{n}}$，$n$ 为观测值个数。

X 向中误差：$m = \pm 1.0$ mm。

Y 向中误差：$m = \pm 1.55$ mm。

垂直位移中误差：$m = \pm 1.03$ mm。

2. 24 h 解算数据及精度

（1）24 h 解算数据见表 2-8。

表 2-8　24 h 解算数据

时间（年-月-日）	DX	DY	DZ
2020-11-25	0	-0.1	0.1
2020-11-26	0	-0.1	0
2020-11-27	0	0.1	0
2020-11-28	0	0	-0.1
2020-12-01	-0.1	-0.1	0.3
2020-12-30	0	0	-0.1

续表 2-8

时间(年-月-日)	DX	DY	DZ
2020-12-31	0.1	0	0
2021-01-01	0	0	0
2021-01-02	−0.1	0	0
2021-01-03	0	0	0
2021-01-04	0	0	0
2021-01-05	0	0	0
2021-01-06	0	0	0
2021-01-07	0	0	−0.1
2021-01-08	−0.1	0	0
2021-01-09	0	0.1	0.1
2021-01-10	0	0	0
2021-01-11	0.1	0	0
2021-01-12	0	0	0
2021-01-13	0	0	0
2021-01-14	0	0	0
2021-01-15	−0.1	0	0
2021-01-16	0	0	0
2021-01-17	0	0	0
2021-01-18	0.1	0.1	0.2
2021-01-20	0	−0.1	−0.2
2021-01-23	0.1	−0.5	−0.3
2021-01-24	0	0.1	0
2021-01-25	0	0	0

续表 2-8

时间（年-月-日）	DX	DY	DZ
2021-01-26	0	−0.1	−0.1
2021-01-27	0	0	0
2021-01-28	0	0	0
2021-01-29	0	0	0.1
2021-02-01	−0.1	0.5	0.1
2021-02-02	0	0.1	0.1
2021-02-03	−0.2	−0.1	0
2021-02-04	0	0.1	0
2021-02-05	0	−0.1	−0.1
2021-02-08	0.2	0	0
2021-02-09	0	0	0
2021-02-10	0	0	−0.1
2021-02-11	0.1	0	0
2021-02-12	0	0	0
2021-02-13	0	0	0
2021-02-14	0	0	0
2021-02-15	0	0	0
2021-02-16	0	0	0
2021-02-17	0	−0.1	0
2021-02-18	0	0	0
2021-02-19	0	0	0
2021-02-20	0	0	0
2021-02-21	0	0	0

续表 2-8

时间(年-月-日)	DX	DY	DZ
2021-02-22	0	0	0
2021-02-24	-0.1	-0.2	-0.1
2021-02-25	0	0	0
2021-02-26	-0.1	0.1	0
2021-02-27	0.1	-0.1	-0.1
2021-02-28	0	0.1	0.1
2021-03-01	0	0.1	-0.1
2021-03-02	0.1	-0.5	-0.2
2021-03-03	0	0	0
2021-03-05	-0.1	0.2	0.3
2021-03-06	-0.1	0.5	0.4
2021-03-07	-0.3	0	0.2
2021-03-08	-0.1	-0.2	-0.1
2021-03-09	-0.1	-0.5	0.1
2020-11-18	0.2	-0.4	-0.5
2020-11-19	1.3	-0.5	-1.5
2020-11-20	1.6	-0.9	-1.8
2020-11-21	0.7	-2.0	-2.8
2020-11-22	1.6	0.2	0.8
2020-11-25	-0.1	0.6	0.4
2020-11-26	0.1	-0.2	0
2020-11-27	-0.1	0.2	0.1
2020-11-28	0.1	-0.2	-0.1

续表 2-8

时间(年-月-日)	DX	DY	DZ
2020-12-30	0	0.1	0.1
2020-12-31	0	0	0
2021-01-01	0	0	0
2021-01-02	0	0	0
2021-01-03	−0.1	0.1	0
2021-01-04	0	0	0
2021-01-05	0	0	0
2021-01-06	0	0	0
2021-01-07	0	−0.1	−0.1
2021-01-08	−0.1	0.1	0
2021-01-09	0	0	0
2021-01-10	0	0	0
2021-01-11	0	0	0
2021-01-12	0	0	0
2021-01-13	0	−0.1	0
2021-01-14	0	0	−0.1
2021-01-15	−0.1	0	0
2021-01-16	0.1	−0.1	−0.1
2021-01-17	−0.1	0	0
2021-01-18	0	0	0.1
2021-01-20	0	0	−0.1
2021-01-21	0.6	4.2	1.9
2021-01-23	0	−0.3	−0.2

续表 2-8

时间（年-月-日）	DX	DY	DZ
2021-01-24	0	0	-0.1
2021-01-25	0	0	0.1
2021-01-26	0.1	-0.1	-0.1
2021-01-27	0	0	0
2021-01-28	0	0	0
2021-01-29	0	0	0
2021-02-01	-0.3	0.6	0
2021-02-02	-0.1	0.1	0.1
2021-02-03	0	-0.2	-0.1
2021-02-04	-0.1	0.3	0
2021-02-05	0	0	0
2021-02-08	0.1	-0.1	0
2021-02-09	0	0	0
2021-02-10	-0.1	-0.1	-0.1
2021-02-11	0	0	0
2021-02-12	0	0	0
2021-02-13	0	0	0
2021-02-14	0	0	0
2021-02-15	0	0	0
2021-02-16	-0.1	0.1	0
2021-02-17	0	-0.1	0
2021-02-18	0	0	0
2021-02-19	0	-0.1	0

续表 2-8

时间(年-月-日)	DX	DY	DZ
2021-02-20	0	0	0
2021-02-21	0	0	0
2021-02-22	0	0.1	0
2021-02-24	-0.3	0.1	0.1
2021-02-25	0.1	-0.1	-0.1
2021-02-26	0	0.1	0.1
2021-02-27	0	-0.1	-0.1
2021-02-28	-0.1	0.1	0.1

(2)24 h 解算折线图见图 2-62。

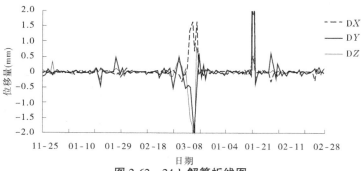

图 2-62　24 h 解算折线图

(3)24 h 解算精度:根据中误差计算公式: $m = \pm \sqrt{\dfrac{[\Delta\Delta]}{n}}$, n 为观测值个数。

X 向中误差: $m = \pm 0.3$ mm。

Y 向中误差: $m = \pm 0.4$ mm。

垂直位移中误差: $m = \pm 0.4$ mm。

可以看出,经 24 h 解算,无论是平面位移还是高程精度都有了较大提升,精度达到 0.4 mm,完全满足工程监测需求。

2.8.4 试点结果对比分析

在未进行异常数据剔除的情况下,进口设备与国产设备后处理精度都可以达到 1 mm,满足水利工程监测需求。而自主研发 GNSS 设备无论是水平位移测量精度还是高程测量精度,其实时测量精度达 1.55 mm,后处理精度优于±0.5 mm,不仅达到了设计指标的要求,并且优于国产设备和进口设备。尤其是该设备在实时测量精度非常高,不仅可以用于工程常规监测,也可用于需要快速反应的特殊监测。

3 基于无线传输的水利工程安全监测组网技术

3.1 水利工程安全监测现状分析

传统工程安全监测系统的建设主要分为三个阶段,即施工期现场传感器埋设阶段、试运行期监测半自动化阶段和运行期监测自动化阶段。施工期传感器埋设后由于自动化采集与传输系统未建设,仅能靠人工进行数据采集,试运行期由于现场条件限制,往往仅完成传感器线缆的汇集,采用集线箱对传感器进行半自动采集,直至运行期整个自动化采集传输系统完全建立后才能进行数据的自动化采集工作。

因此,目前对工程安全的管理与评估方面主要存在以下问题:

(1)现场监测系统是逐步构建的,往往在工程建成并投入运行时才能实现工程安全监测的自动化,前期投入的人力、物力很多,效果却不是很好。

(2)现场需接入各种不同类型的传感器,电路设计与通信方式不同,差异性大,设计与实施难度大,成本高。

(3)在工程施工期现场通信、供电线缆容易被其他施工单位或个人破坏,在整个使用期又容易受到雷击破坏,尤其是我国南方汛期雷电频繁,而汛期又是工程最容易出现危险的时期,一旦系统瘫痪,工程安全就很难得到保障。

因此,若能将现场监测点位分解成相对独立的工作单元,每个单元的供电与通信均不选用有线的方式,不仅可以避免监测设备与监测系统被人为破坏,也可以简化监测系统的实施,同时还能避免雷击等对仪器设备的直接破坏。

3.2 无线传感器网络概述

无线传感器网络(Wireless Sensor Networks,WSNs)融合了现代感应技术、网络通信技术、嵌入式系统和计算机技术,实现了从信息获取、传输到数据处理都集成到一块集成电路上来完成,方便了对物理世界的数字感知,WSNs在国防军事、环境保护监测、医疗、应急抢险救灾、智能交通及商业应用等领域具有十分广阔的应用前景。

移动蜂窝网络逐步实现了区域的有效覆盖,除基本的语音通话功能外,随着由2G向3G、4G的演进,数据传输的速率和质量也逐步提高,当前高速率的接入可以由LTE(3G、4G)来提供,中低速率的可以由2G网络来提供。学术界已经对将蜂窝网络用作各种不同功能的WSNs的数据接入进行了研究并取得一批研究成果。但在实际应用中由于移动蜂窝网络区域部署还不均衡,人口密度较低地区还不能实现高速数据传输,且同一蜂窝支持接入的容量有限、单接入点芯片和使用费用较高,因此直接将移动蜂窝网络大规模直接应用到WSNs中进行数据接入目前还不现实。

由于WSNs对接入网络的特定需求,对于能够满足WSNs的低成本、低功耗、广覆盖和大容量需求的接入网络的研究已经受到广泛关注,如Lora、Sigfox、NB-LOT、Zigbee等标准。

3.3 无线工作方案比选

根据水利工程现场安全监测点位布设与分布特点,将现场监测测点分为以下三类:

(1)测点分布集中,如同一内部监测断面,不同类型的监测仪器。这种类型的监测点位特点是仪器线缆均埋设在水工建筑物内,汇集后在同一建筑表面穿出建筑物。

(2)测点分布较分散,但距离较近。如坝轴距相同而桩号不同的不同监测断面的测点,分布在基本同一直线上,间距一般只有几十米;

如桩号相同而坝轴距不同的同一监测断面的测点。这种类型的监测点位特点是仪器线缆在不同的位置穿出建筑物,但各位置直线距离较近,没有"孤岛"。

(3)测点分布分散,且距离较远。如不同监测类型、不同监测部位的监测仪器。

3.3.1　基于 NB-IOT 的无线传输方案

3.3.1.1　NB-IOT 架构

作为众多低功耗广域网(LPWA)通信技术的一种,NB-IOT 是由我国华为公司联合国际相关通信公司共同制定的窄带物联网技术标准,并于 2016 年得到 3GPP 立项,已成为被运营商广泛推广的商用技术。NB-IOT 架构如图 3-1 所示。NB-IOT 在交通管理、共享单车、智能水表等方面已取得较多应用。

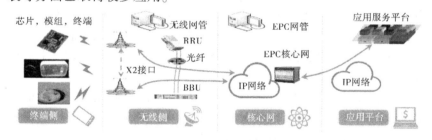

图 3-1　NB-IOT 架构

无线传感器网络具有技术成熟、安全可靠、网络传输效率高等优点,也同时存在数据采集难、不及时、网络部署复杂等缺点。NB-IOT网络是 4G/LTE 移动通信网络的一个重要组成部分,也将随着 5G 网络的部署进一步提高性能。NB-IOT 具有低功耗、广覆盖、易组网、低成本等优势,如将 NB-IOT 融入 WSNs 的组网中,适应 WSNs 在移动场景中的应用,适应 WSNs 在商业领域快速部署的要求,也符合即将到来的 5 G 环境中 WSNs、物联网、人工智能、移动通信技术交叉融合的新趋势。这也是目前正在进行的相关领域学术研究的一大动向和热点。

NB-IOT 能够满足 WSNs 地域分布广、运行时间长、数据量有限的需求。NB-IOT 依托于已经覆盖全球 90% 的人口和超过 50% 的地理区域的移动蜂窝网络,实现了低速窄带宽环境下物联网的高效组建。与传统的物联网通信技术相比,NB-IOT 对于移动蜂窝结构的优化使用使得 NB-IOT 在只占用 180 kHz 频带的情况下就可以进行部署,以牺牲一定速率、时延、移动性等特性,换取了低功耗广域网的承载能力,极大地控制系统的建设开发成本,减少了不必要的资源浪费与人力损耗。从而使得 NB-IOT 满足了智能交通如极大数量的共享单车、固定建筑或装置设备的监测、分布广泛的城市公用事业如自来水表和燃气表远程抄表等对于物联通信技术的使用需求。

3.3.1.2 NB-IOT 的特点

NB-IOT 网络具备四大特点:

(1)覆盖更广更深。NB-IOT 的链路预算为 164 dB,大大优于 GSM、LTE 系统,因而穿透能力强,能够提供更广、更深的覆盖。在开阔区域,一个 NB-IOT 基站可提供 7 倍于传统蜂窝的覆盖面积。从覆盖深度角度看,可以覆盖到位于地下室或隧道中的终端。

(2)容量大。依据 3GPP 45.820 业务模型,NB-IOT 系统具备"海量"连接的能力,即同一个扇区在 24 h 内能够支持约 5 万个终端连接。

(3)能耗低。终端超低能量消耗,NB-IOT 模组的理论待机时间可长达 10 年。单个 WSNs 传感器节点具备小体积、低成本和少能耗特征,传感器节点一般由自身电池供电,生存周期一般为几个月到几年。

(4)低成本。NB-IOT 可与 4 G/LTE 进行绑定部署,从而直接连接进入了 LTE 的公共 TCP/IP 网络。NB-IOT 只需要占用 180 kHz 的无线频谱带宽,部署方式也比较灵活,根据各移动蜂窝通信公司的网络和系统情况,可以采用独立部署、保护带内部署、带内部署等 3 种工作模式。极低的模组成本,目前单个模组的价格已经降到 5 美元以下,随着大规模的推广使用,未来还将继续降低成本。

3.3.2 基于 Zigbee 的无线传输方案

Zigbee 是基于 IEEE 802.15.4 标准的无线通信协议,其目的是适用于低功耗、无线连接的监测和控制系统。它是一种高可靠的无线数传网络,类似于 CDMA 和 GSM 网络,Zigbee 数传模块类似于移动网络基站,通信距离从标准的 75 m 到几百米,并且支持无限扩展。Zigbee 是一个无线数传网络平台,在整个网络范围内,每个 Zigbee 网络数传模块之间均可以互相通信。

Zigbee 的特点如下:

(1)数据传输率较低。10～256 kB/s,专门针对低数据量的通信传输。

(2)低功耗工作模式。由于其传输速率低,发射功率仅为 1 MW,且可以采用休眠模式,因此 Zigbee 设备非常省电。

(3)低成本。Zigbee 模块成本很低,并且它的协议是免专利费的,它的协议结构非常简单,并且可以使用免费的 2.4 G 频段,整体成本低廉。

(4)容量大、安全可靠。一个星型结构的 Zigbee 网络最多可以容纳 254 个从设备和一个主设备,一个区域内可以同时存在最多 100 个 Zigbee 网络,因此组网非常灵活,且容量大。

(5)稳定可靠。Zigbee 网络具有优越的网络协调能力、领先的链路预算、具备自我组织、自我修复网络等特点。

因此,它是非常适合作为传感器网络的标准通信协议。

采用基于 Zigbee 的无线传输方案时,终端节点需配置一套 Zigbee 网关,将数据转换为 TCP/UDP 协议,才能向云端服务器进行转发。

3.3.3　基于 LoRaWAN 的无线传输方案

LoRa 是一种低功耗远程无线通信技术,由法国公司 Cycleo 研发的一种创新的半导体技术。美国 Semtech 公司基于 LoRa 技术开发了一套 LoRa 通信芯片解决方案。LoRa 通过 LoRa 联盟来开始推广普及。

LoRa 通信传输具有距离远、低功耗、多节点、低成本、抗扰特性。但 LoRa 通信速率较低,适合小数据传输。LoRa 工作在 433/470/868/915 MHz 频段。

LoRaWAN 基于 LoRa 远距离通信网络设计的一套通信协议和系统架构,LoRa 是网络的物理层,LoRaWAN 是网络的 MAC 层。

LoRaWAN 协议针对低功耗、电池供电的传感器进行了优化,包括了不同级别的终端节点以优化网络延迟和电池寿命间的平衡关系。它是完全双向的,由安全专家构建确保了可靠性和安全性。

LoRaWAN 网络架构中包含了终端、基站、NS(网络服务器)、应用服务器四个部分(见图 3-2)。基站和终端之间采用星型网络拓扑,由于 LoRa 的长距离特性,终端节点和网关之间单跳传输。

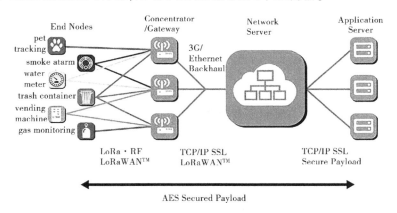

图 3-2　LoRaWAN 网络架构

终端节点分为 Class A/B/C 三类,根据终端低功耗要求以及控制的实时性,选择不同类别。Class A 的设备必须在节点上报数据时才能下发数据,适合于定时采集上报,且要求低功耗的设备;Class B 可以在设定的时间内下发数据;Class C 的设备随时都可以下发数据,但运行功耗较高。

3.3.4　最终无线传输方案

水雨情、渗压、渗流监测终端采用 LoRaWAN 节点模块,默认情况下配置为 Class C,定时上报水位、雨量、渗压、渗流数据,并且可以随时响应数据中心下发的指令。终端电量不足时,可将 LoRaWAN 节点配置为 Class A,节省电源功耗。

3.4　LoRaWAN 概述

3.4.1　LoRaWAN 协议基础

LoRaWAN 协议的整体结构如图 3-3 所示,从底层开始分别是物理层、MAC 层和应用层。

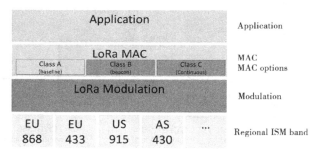

图 3-3　LoRaWAN 协议的整体结构

射频部分在国内主要是使用 433~434 MHz 的免费频段,芯片采用 LoRa 调制技术实现,该技术采用线性扩频调制技术和前向纠错技术,融合了现代的数字信号处理技术,实现远距离和低功耗传输。与传统的无线调制技术[主要有频移键控(FSK)和二进制启闭键控(OOK)技术]相比,LoRa 调制技术通信距离更远,抗干扰能力更强。

LoRaWAN 协议的物理层数据帧主要分为上行数据帧和下行数据帧。上行数据帧结构如下:

Preamble	PHDR	PHDR_CRC	PHYPayload	CRC

上行数据帧包括前导码(Preamble)、物理帧头(PHDR)、物理帧校验(PHDR_CRC)、物理层载荷(PHYPayload)和校验(CRC)。其中,前导码、物理帧头和物理帧校验是由射频芯片硬件直接生成的,无须软件参与。接收机定期检查前导码,接收到前导码之后才认为有数据待接收。前导码的长短与接收机休眠的时长有关联。

与上行数据帧相比,下行数据帧没有包含校验(CRC),数据帧结构如下:

Preamble	PHDR	PHDR_CRC	PHYPayload

物理层载荷(PHYPayload)封装的是 MAC 层的数据帧,MAC 层数据帧包括帧头(MHDR)、MAC 层载荷、一致性校验等,主要包含以下三种数据帧格式:

(1)数据帧:

(2)组网请求帧:

(3)组网接受帧:

MAC 层数据帧头长度为 1 个字节,格式如下:

Bit#	7..5	4..2	1..0
MHDR bits	MType	RFU	Major

包括了消息类型(MType)、版本号(Major)等信息。消息类型的含义如表 3-1 所示。

表 3-1   消息类型的含义

编码	消息类型	功能
000	Join Request	入网请求,无线激活过程使用
001	Join Accept	激活入网消息,无线激活过程使用
010	Unconfirmed Data Up	接收者不必回应
011	Unconfirmed Data Down	接收者不必回应
100	Confirmed Data Up	接收者必须回应
101	Confirmed Data Down	接收者必须回应
110	RFU	保留
111	Proprietary	不能和标准协议的消息互通,只能实现自定义协议的消息互通,且必须保证终端设备之间的一致性

MAC 层载荷(MACPayload)是 LoRaWAN 协议的主要数据帧,主要

包括数据帧头、数据端口和数据负载三部分。数据负载主要是携带用户的数据和命令。

LoRaWAN 协议应用层是用户和网络服务器的应用接口,应用层主要包括了终端入网、数据加密等功能。

3.4.2　LoRaWAN 物理层芯片

LoRaWAN 网络依赖于物理层的基于 LoRa 调制技术的芯片,最主要的芯片提供商是 Semtech 公司,该公司主要的 LoRa 射频芯片包括 SX1272/SX1273/SX1276/SX1277/SX1278/SX1279/SX1261/SX1262 等,各个芯片的主要差异在于三个地方:频段的支持(宽频段、低频段还是高频段)、芯片接收灵敏度、扩频因子的能力(这个应该也影响到接收灵敏度)。主要参数如表 3-2 所示。

表 3-2　各芯片主要参数对比

芯片名称	扩频因子	工作频段 (MHz)	调制带宽 (kHz)	符码率 (kb/s)	灵敏度 (dBm)
SX1272	6~12	860~1 020	125~500	0.24~37.5	-117~137
SX1273	6~9	860~1 020	125~500	1.7~37.5	-117~130
SX1276	6~12	137~1 020	7.8~500	0.018~37.5	-111~148
SX1277	6~9	137~1 020	7.8~500	0.11~37.5	-111~139
SX1278	6~12	137~525	7.8~500	0.018~37.5	-111~148
SX1279	6~12	137~960	7.8~500	0.018~37.5	-111~148

随着国内芯片技术的发展,国内厂家也开始提供 LoRa 无线通信芯片组,例如上海翱捷科技(ASR),在获得 Semtech 公司授权后,发布了基于 SX1262 的 ASR650x 系列 LoRa 芯片。

3.5　LoRaWAN 通信节点硬件设计

3.5.1　硬件设计

LoRaWAN 通信节点模块采用独立模块化设计,通信接口兼容 2

G/4 G 通信模块,通信模块内部对 LoRaWAN 协议进行封装处理,模块对于遥测终端是直接数据透传。

模块采用 MSP430F5438 作为主处理器,射频芯片采用升特 SX1278。MCU 和 SX1278 射频芯片之间采用 SPI 通信接口。模块由处理器、复位电路、通信接口、射频芯片、供电电路等组成(见图 3-4)。

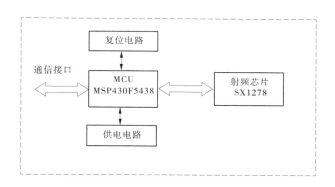

图 3-4 模块组成

MSP430F5438 是 TI 公司的超低功耗微控制器,配备不同的外设集,包括三个 16 位计时器、一个高性能 12 位 ADC、多达四个 USCI、一个硬件乘法器、DMA、具有报警功能的 RTC 模块和多达 87 个 I/O 引脚,可满足各类应用的需求。MSP430F5438 有多种低功耗模式,适合于采用电池供电的应用场合。MSP430F5438 包含具有一个强大的 16 位 RISC CPU,使用 16 位寄存器以及常数发生器,以便获得最高编码效率。内置的振荡器(DCO)可在 3.5 μs(典型值)内从低功率模式唤醒至激活模式。

(1)处理器电路设计。由复位电路、JTAG 下载电路和外部晶振组成(见图 3-5)。

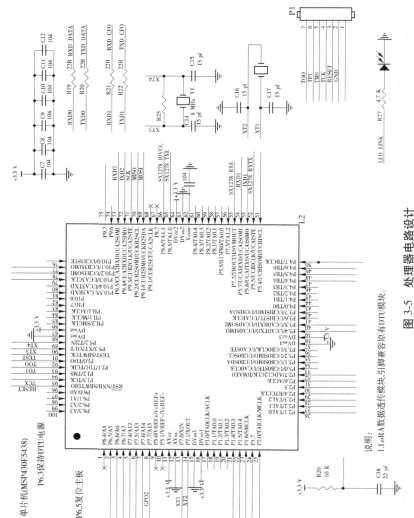

图 3-5 处理器电路设计

（2）供电电路设计。模块输入电源为 4 V,经 LDO 稳压后,输出稳定的 3.3 V 电源(见图 3-6)。

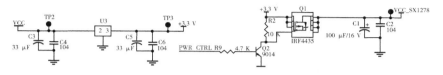

图 3-6　供电电路设计

（3）射频电路设计。射频电路包括射频芯片 SX1278、LED 通信指示灯和天线(见图 3-7)。

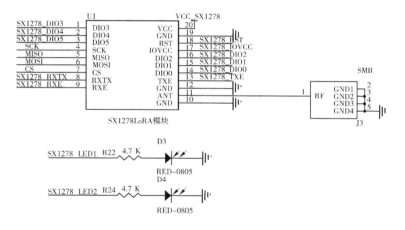

图 3-7　射频电路设计

（4）通信接口设计。通信接口兼容遥测终端的 2 G 和 4 G 模块接口设计(见图 3-8)。

3.5.2　软件设计

LoRaWAN 节点模块的软件包含了 MCU 处理器及外围资源管理, LoRaWAN 协议栈基于开源的 LoRaMac-node (最新版本为 4.5.1)进行开发。LoRaMac-node 是 Semtech 官方发布的 LoRaWAN 节点端项目,

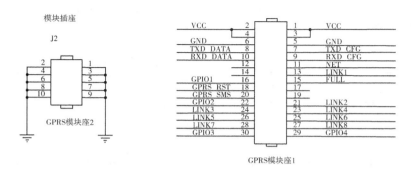

图 3-8　通信接口设计

包括 LoRaWAN 通信协议实现和项目实例,协议栈目前只支持 Class A 和 Class C 两种协议。

代码分为 apps、boards、mac、peripherals、radio 和 system 几个目录,根据代码的功能进行分类:

(1)apps 目录中是应用层代码,包括用户代码、主函数等。

(2)boards 目录中是硬件相关板级代码,设计不同的硬件电路,需要进行相应的代码移植。

(3)mac 目录中是符合 LoRaWAN 协议规范要求的 MAC 层代码。

(4)peripherals 目录是各种外围电路的代码,例如 GPIO 扩展芯片 SX1509 驱动代码等。

(5)radio 目录中是射频芯片驱动。目前,驱动中支持 SX1272、SX1276、SX126X 和 Ir1110 射频芯片的驱动,SX1278 和 SX1276 的驱动是互相兼容的。

(6)system 目录是通用的系统程序,包括 FIFO、串口、I2C 等通用处理程序,但并不涉及具体的硬件,硬件相关的代码在 boards 中。

主程序 main 的处理代码如图 3-9 所示。

```
int main( void )
{
    // Target board initialization
    BoardInitMcu( );
    BoardInitPeriph( );

    // Radio initialization
    RadioEvents.RxDone = OnRxDone;

    Radio.Init( &RadioEvents );

    Radio.SetChannel( RF_FREQUENCY );

#if defined( USE_MODEM_LORA )

    Radio.SetRxConfig( MODEM_LORA, LORA_BANDWIDTH, LORA_SPREADING_FACTOR,
                       LORA_CODINGRATE, 0, LORA_PREAMBLE_LENGTH,
                       LORA_SYMBOL_TIMEOUT, LORA_FIX_LENGTH_PAYLOAD_ON,
                       0, true, 0, 0, LORA_IQ_INVERSION_ON, true );

    Radio.SetMaxPayloadLength( MODEM_LORA, 255 );

#elif defined( USE_MODEM_FSK )

    Radio.SetRxConfig( MODEM_FSK, FSK_BANDWIDTH, FSK_DATARATE,
                       0, FSK_AFC_BANDWIDTH, FSK_PREAMBLE_LENGTH,
                       0, FSK_FIX_LENGTH_PAYLOAD_ON, 0, true,
                       0, 0, false, true );

    Radio.SetMaxPayloadLength( MODEM_FSK, 255 );

#else
    #error "Please define a frequency band in the compiler options."
#endif

    Radio.Rx( 0 ); // Continuous Rx

    while( 1 )
    {
        BoardLowPowerHandler( );
    }
}
```

图 3-9　主程序 main 的处理代码

3.6　LoRaWAN 通信网关

　　LoRaWAN 网关将 LoRa 无线网络和 Internet 连接。目前,大部分的 LoRa 网关采用 SX1301 基带芯片。SX1301 是基于 LoRa 调制的基带芯片,关键的技术特征:高达-142.5 dBm 的接收灵敏度、49 个 LoRa "虚拟"通道和 ADR 技术。

　　SX1301 是 2 个 MCU(射频 MCU 和数据包 MCU)和专用集成电路(Application Specific Integrated Circuit, ASIC)的综合体。射频 MCU 通过 SPI 总线连接 2 片 SX125x,主要负责实时自动增益控制、射频校准

和收发切换;数据包 MCU 负责分配 8 个 LoRa 调制解调器给多个通道,它仲裁数据包的机制包括速率、通道、射频和信号强度。

射频 MCU 外接 2 片 SX1257(或 SX1255)射频前端芯片,负责将同相正交数字信号(In-phase / Quadrature,I/Q)转换成无线电模拟信号。

IF0~IF7 的 LoRa 通道:它们的带宽固定为 125 kHz,每个通道可以设置中心频率,每个通道可以接收 SF7~SF12 共 6 种速率的 LoRa 信号。

IF8 通道:带宽支持 125 kHz/250 kHz/500 kHz,可用于网关之间的高速通信。

IF9 通道:收发(G)FSK 信号,该通道主要在欧洲地区使用。

速率自适应(Adaptive Data Rate,ADR)是 LoRaWAN 核心优势所在,终端节点和网关之间的距离越近,终端节点采用的通信速率越高;终端节点和网关之间的距离越远,终端节点采用的通信速率越低。采用 ADR 后,可以达到以下效果:

(1)终端节点可以使用 8 个频率中任意一种,有效降低同频干扰。

(2)终端节点可以使用 6 种速率中任意一种,网关不用记录节点为速率。

(3)网关可以实现天线分集,有效改善移动 End Node 的多径衰退。

3.7 无线传输系统工作模式的标准化

3.7.1 通信协议标准化

为满足不同无线传输方案的通信与工作模式的标准化,采用可在线切换工作模式的形式。其通信模块的工作模式包括透传模式、AT 指令模式、Modbus 协议模式。

数据传输时采用透传模式,各种接口(数字量输入、脉冲输入、模拟量输入、脉冲计数、UART 接口等)均可直接采集与传输。传感器类型在云端定义,根据设备地址码可直接识别传感器类型。同时,透传模式也可以兼容任何已定义的私有通信协议。其中 UART 接口通信传输字节格式定义如下：

Start	D0	D1	D2	D3	D4	D5	D6	D7	Stop

UART 接口支持 300～11 520 b/s 波特率,8 位数据位,1 位停止位,可选择无校验/奇校验/偶校验,可以兼容各种标准化传感器与采集控制器,增强无线传输模块的兼容性。

设备设置与维护时采用 AT 指令模式,兼容所有 AT 指令集,可对设备进行在线设置与升级,无须运行维护人员进行现场调试、升级等工作,极大地降低了运行维护成本与难度。

特殊设备数据采集与传输时采用 Modbus 工作模式,支持 Modbus 标准通信协议。其一般格式命令帧如表 3-3 所示。

表 3-3　一般格式命令帧

从站地址 1 Byte	功能码 1 Byte	数据				校验和
		数据起始 寄存器高位 1 Byte	数据起始 寄存器低位 1 Byte	数据寄存 器高位 1 Byte	数据寄存 器低位 1 Byte	CRC16 1 Byte

显长度应答帧格式如下所示：

从站地址	功能码	数据长度	数据	校验和

其中功能码定义如表 3-4 所示。

表 3-4　功能码定义

功能码	名称	作用(对主站而言)
0x01	读取开出状态	取得一组开关量输出的当前状态
0x02	读取开入状态	取得一组开关量输入的当前状态
0x04	读取模入状态	取得一组模拟量输入的当前状态
0x05	强制单路开出	强制设定某个开关量输出的值
0x0F	强制多路开出	强制设定从站几个开关量输出的值

3.7.2　数据传输标准化

无论是采用 NB-IOT 网络、Zigbee 网络还是采用 LoRaWAN 网络,所有数据最终均经过网关,将数据转换为 TCP/UDP 格式,传输至指定域名或 IP 地址的服务器指定端口。因此,对于服务器来说,仅仅需要处理指定端口的标准数据信息,而无须考虑现场网络采用什么工作模式,以及现场传感器采用什么采集方式,实现数据传输的标准化。

3.7.3　节能标准化

所有无线传输设备支持长期在线模式(Always On)、定时上线模式(Time)、空中唤醒模式(Wake)与深度休眠模式(Deep)。

特殊需求的设备,采用在线模式(Always On),通信设备长期在线,是设备采集传输延迟小,但功耗较高。该模式适用于采集较为重要的长期实时监测的传感器。

普通设备采用定时上线模式(Time),可设置设备周期性唤醒,并进行数据通信。周期性唤醒基于设备内部计时器,计时器每周与云端服务器进行校时,保证周期的准确性。该模式适用于采集常规水工监测仪器,可设置采集频率为 1 h、24 h 等,最短采集频率为 5 min。

需召测设备采用空中唤醒模式(Wake),平时通信设备处于休眠状态,当需要设备工作时,唤醒发起端在有效数据前加一段较长的前导码,待唤醒端的无线节点进行周期性的监听网络,一旦监听到唤醒信号就进入正常的接收流程,若没则立即休眠,等待下一次唤醒。唤醒模式发起端与接收端的工作模式如图 3-10 所示。

该模式适用于需召测的传感器。

部分特定条件下才上报的设备采用深度休眠模式(Deep),如干簧管雨量计,当有降雨发生时,干簧管发出脉冲信号,脉冲计数器计数,并唤醒通信设备,将实时降雨数据上报。

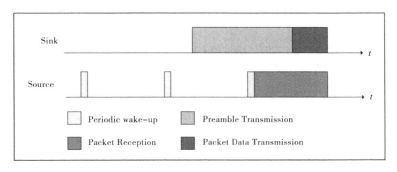

图 3-10　唤醒模式发起端与接收端的工作模式示意图

3.8　云端系统构建

第 7 章着重讲述统一的云端系统平台构建问题,在此不再赘述。

3.9　云端网络穿透与安全性

WEB 服务器采用基于 HTTP 协议的 SSL 加密技术,并且采用两步验证,每个用户既有用户名和密码,又绑定了手机或邮箱,在用户登录时除输入正确的密码外,还需要输入手机或邮箱的验证数字串才能进行登录。已输入两步验证的用户,在一定时间内重新登录时,若 MAC 地址未发生变化则仅需验证登录密码,无须手机或邮箱辅助验证。

云端服务器不使用常用 80、443 等端口,而是使用 5 位数的非常用端口,极大地减少了端口扫描与被攻击的风险。

同时部分敏感操作必须是经授权的对应 MAC 的计算机才能进行登录与操作,非授权用户仅能进行数据浏览等基本操作,不会对系统安全造成影响。

4　水利工程监测数据归一化处理

随着水利自动化与信息化的不断发展,在线监测技术越来越多地被应用于水利工程,对水利工程的管理维护、评估工程安全起到了重要作用。

然而,由于水利工程组成较为复杂,因此水利工程监测数据也非常庞杂。监测数据的庞杂主要表现在两个方面:①为了了解水利工程不同结构、不同特性的工况信息,需要设置不同类型的监测项目,如变形监测、渗流渗压监测、应力应变监测、温度监测、环境量监测等。②为了了解水利工程不同部位的同一类型的工况信息,同一类型的监测项目数量较多、分布较广。如渗流渗压监测有设置在基础的不同断面、不同桩号的基础渗压计,有设置在两岸坝肩不同位置的绕渗测压管,有设置在坝体内部不同断面、不同桩号的内部渗压计,有设置在坝后截水墙后的量水堰。

庞杂的水利工程监测数据具有以下三种典型的特点:

(1)数据量大。监测数据均为长期监测,随着时间的推移监测数据中心有大量历史数据记录。

(2)维度高。一个水利工程会布设成百上千支传感器,它们共同反映了该水利工程的整体运行状态。

(3)类型复杂。不同类型的传感器对应不同类型的监测内容,反映了水利工程不同侧面的运行状况信息,其数据类型与范围也是不同的。

为了更好地揭示监测数据所反映的规律性,需研究监测数据各维度之间的关联关系。为了保证研究方法的普适性,设计一种从数据本身特点出发的数据相关性计算方法。采用该方法处理后的数据能较为真实地反映工程的实际情况,且不会因为不同工程、不同平台、不同类型设备产生的数据不同而无法代入第 5 章人工神经网络模型的情况。

4.1　监测数据分类

　　水利工程监测数据采用不同的分类标准可以有不同的分类方式，如根据观测表象可以分为外观监测数据与内观监测数据，根据观测机制可以分为变形监测数据、渗流监测数据、应力应变监测数据等。

　　从监测数据获取的方式上可以将其分为直接监测数据与间接监测数据。其中，直接监测数据属于具有确定的物理意义，测量位置位于水工建筑物或构筑物表面等，人能直接到达，且能够准确测量的数据，如气温、降雨、蒸发、风速、风向、气压、库水位、测压管内渗压、下游水位、渗流量、表面水平位移与沉降等。间接监测数据属于反映一定的规律，测量位置位于水工建筑物内或地表、水面以下等人无法直接到达，且无法直接采用其他监测方法复测的数据，如基础渗透压力、坝内渗透压力（非测压管安装）、基础沉降、结构缝开度、钢筋应力、混凝土应变、深层水平位移与沉降等。

　　由监测数据的获取方式可以看出，直接监测数据物理意义明确，且可以采用不同方法复测，因此这些数据均能反映工程与边界条件的实际情况，不存在失真的情况。而间接监测数据由于其测量方式的局限性，可能存在监测数据不反映该测点的真实的工况信息，从而在后续工程安全评估时会误导安全评估人员，得出不符合工程实际情况的结论。

　　因此，在对水利工程进行安全性评估之前，首先需要对间接监测数据进行分析与论证，经过一定的数据处理方法，使其更加准确地反映工程实际工况信息，从而更加准确地进行工程安全评估工作。

4.2　不同数据相关性研究

4.2.1　具有明确成因关系的监测数据相关性研究

　　部分间接监测数据与直接监测数据具有明显的物理成因关系，如库水位与帷幕前渗压计数据、温度与测缝计数据。通过计算它们的相关关系,当相关系数大于 0.8 时,可认为间接监测测值主要受对应直接监测数据的影响,则以直接监测数据作为输入数据、间接监测数据作为输出数据进行建模,即可得到直接数据与间接数据之间的映射关系。

对监测数据进行回归分析,分类处理数据情况。最终得出监测数据的相关性,筛选相关性较好的数据,确定为可用模型进行预测的监测类型,后续神经网络模型可与采用数理统计的预测结果进行比较,从而选取更优的预测策略。

4.2.2　无明确成因关系的监测数据相关性研究

由于部分监测数据与其他监测物理量没有明显的相关性,因此无法直接对其进行建模。为了论证其数据的准确性与合理性,研究与其他监测数据是否有相关性。若存在相关性,可互相论证其数据的准确性与合理性。

选取某水库土坝副坝坝后测压管 UP1-4、UP1-5、UP1-6、UP2-4 与 UP2-5 作为研究对象,虽然测压管主要受库水位影响,但是经计算其测值与库水位的相关系数分别为 0.37、0.41、0.36、0.43、0.29。若直接采用库水位去拟合这些测值,效果较差。经计算,5 个测压管测值相关性如表 4-1 所示。

表 4-1　5 个测压管测值相关性

相关系数	UP1-4	UP1-5	UP1-6	UP2-4	UP2-5
UP1-4	—	0.92	0.81	0.88	0.73
UP1-5	0.92	—	0.89	0.86	0.77
UP1-6	0.81	0.89	—	0.72	0.79
UP2-4	0.88	0.86	0.72	—	0.88
UP2-5	0.73	0.77	0.79	0.88	—

可对相关系数进行排序,选择排名前三的相关数据进行建模,如对 UP1-4 来说,相关系数最高的三组测点分别为 UP1-5、UP1-6 和 UP2-4。因此,可将 UP1-5、UP1-6 和 UP2-4 测值作为模型输入项,

UP1-4 测值作为目标项,代入相关的预测模型进行训练。

4.2.3　存在滞后期的监测数据时间序列研究

部分监测数据,其测值与其他物理量存在一定的关系,但是有滞后期,若直接进行模型计算则规律性不强,效果较差。如某水库设置于土坝副坝坝后的测压管 UP3-1 测值与库水位,直接分析时与库水位相关性较差,通过观察发现测压管测值存在滞后,采用算法分析两组数据的包含时间序列的相互关系,结果显示滞后期约为 18 h。考虑滞后期后,用库水位预测测压管测值准确率由原来的 0.67 提高到 0.83。

4.3　监测数据时间序列研究

很多监测数据,不仅受其他环境因素等影响,同时还受时间影响。采用灰色预测模型中的 GM(1,1)模型确定时间影响因子,可将监测数据随时间变化的趋势剥离,能更好地对监测数据进行预测。

选择边坡多点位移计孔口位移作为研究对象,将监测数据拆分为两部分:一部分为自安装后至蓄水前,测值主要受时间影响,无库水位等影响因素;另一部分为蓄水后变形,不仅受时间影响,还受库水位影响。

由于整个监测过程受各种因素的影响,监测数据往往为非等间距的,因此采用非等间距模型进行修正。

定义:设序列 $x^{(0)}(k_i) = \{x^{(0)}(k_1), x^{(0)}(k_2), \cdots, x^{(0)}(k_n)\}$。

若间距 $\Delta k_i = k_i - k_{i-1}, i = 2, 3, \cdots, n$ 不为常数,则称 $x^{(0)}(k_i)$ 为非等间距序列。

一次累加非等间距的 GM(1,1)模型是常用的一种灰色动态预测模型,其建模过程如下:

(1)非负原始数据序列为

$$X^{(0)} = \{x^{(0)}(k_1), x^{(0)}(k_2), \cdots, x^{(0)}(k_n)\} \tag{4-1}$$

(2)做一次累加

$$X^{(1)} = \{x^{(1)}(k_1), x^{(1)}(k_2), \cdots, x^{(1)}(k_n)\} \tag{4-2}$$

其中

$$x^{(1)}(k_i) = \sum_{j=1}^{i} x^{(0)}(k_j) \Delta k_j \quad (i = 2, 3, \cdots, n) \tag{4-3}$$

（3）由一阶微分模块 $X^{(1)}$ 建立 GM(1,1)，对应的微分方程为

$$\frac{\mathrm{d}x^{(1)}(t)}{\mathrm{d}t} + ax^{(1)}(t) = u \quad (i = 2, 3, \cdots, n-1) \tag{4-4}$$

GM(1,1)模型的差分形式为

$$\begin{bmatrix} x^{(0)}(k_2) \\ x^{(0)}(k_3) \\ \vdots \\ x^{(0)}(k_n) \end{bmatrix} = \begin{bmatrix} -z^{(1)}(k_2) & 1 \\ -z^{(1)}(k_3) & 1 \\ \vdots & \vdots \\ -z^{(1)}(k_n) & 1 \end{bmatrix} \times \begin{bmatrix} a \\ u \end{bmatrix} \tag{4-5}$$

式中，$z^{(1)}(k_{i+1}) = \dfrac{1}{2}\left[x^{(1)}(k_{i+1}) + x^{(1)}(k_i)\right]$。

$$\text{令 } \boldsymbol{B} = \begin{bmatrix} -z^{(1)}(k_2) & 1 \\ -z^{(1)}(k_3) & 1 \\ \vdots & \vdots \\ -z^{(1)}(k_n) & 1 \end{bmatrix}; \quad \boldsymbol{Y} = \left[x^{(0)}(k_2), x^{(0)}(k_3), \cdots, x^{(0)}(k_n)\right]^{\mathrm{T}}。$$

（4）待辨识向量的最小二乘解为

$$\begin{bmatrix} \hat{a} \\ \hat{u} \end{bmatrix} = (\boldsymbol{B}^{\mathrm{T}}\boldsymbol{B})^{-1}\boldsymbol{B}^{\mathrm{T}}\boldsymbol{Y} \tag{4-6}$$

（5）式（4-6）的离散解为

$$\hat{x}^{(1)}(k_i) = \left[x^{(1)}(k_1) - u/a\right]\mathrm{e}^{-a(k_i - k_1)} + u/a \tag{4-7}$$

（6）还原得到原始数据为

$$\hat{x}^{(0)}(k_{i+1}) = \frac{1}{\Delta k_{i+1}}(1 - \mathrm{e}^{a\Delta k_{i+1}})\left[x^{(0)}(k_1) - u/a\right]\mathrm{e}^{-a(k_{i+1} - k_1)} \tag{4-8}$$

通过计算系数 u、a，可得到原始数据预测函数系数，得到原始数据受时间影响的变化分量。

4.4 数据预处理

(1)数据时间间隔统一。

由于一个工程所涵盖的监测种类很多,会出现采集周期不同的情况。当采集周期较短时,可选择不同采集周期的公倍数作为统一的时间间隔。如一种监测数据采集周期为 1 h,另一种采集周期为 12 h,可选择数据时间间隔为 24 h。当采集周期较长时,可选择不同采集周期的公约数作为统一的时间间隔。如一种监测数据采集周期为 6 d,另一种采集周期为 9 d,则可选择数据时间间隔为 3 d,缺失的数据采用线性插值的方法补齐。

(2)数据异常跳变的修复。

为保证内容的连续性,本部分内容详见第 5.3 节。

(3)不同类型数据标准化。

对于不同的监测数据,测值范围、变化幅度差别可能很大,比如有些数据均值只有 15,但有些数据均值会达上万。由于需要研究的是数据走势情况,可以对数据进行归一化处理,本文采用最大值最小值归一化方法。如果 $[x_1, x_2, \cdots, x_n]$ 表示原始的数据序列,$\hat{x}_i = \dfrac{x_i - x_{\min}}{x_{\max} - x_{\min}}$,可将 x_i 转化成 $[0,1]$ 的标准化数据。这样可以排除量纲的影响,将所有数据变化过程压缩在 $[0,1]$ 区间内进行研究。

4.5 数据形式化

水利工程监测数据是工程建设与运行过程中由预先安置的传感器或人工手段采集的用于反映该时刻工程运行状态的数据。具体而言,一个水利工程设置的监测系统在同一时刻会回传多维状态的数据信息。不同厂家、不同系统采集、传输、存储的数据格式不尽相同,为方便描述,首先将监测数据形式化。

定义 1:状态监测数据向量 A。

$$A = (d_1, d_2, d_3, \cdots, d_n, t) \tag{4-9}$$

状态监测数据向量 A 指工程所有监测内容在 t 时刻采集的数据，式中 n 表示数据的维度，即该工程监测内容中有多少个传感器；d_i 表示第 i 个维度数据的取值。

定义 2：系统监测数据矩阵 M。

$$M = \begin{bmatrix} A_1 \\ A_2 \\ \vdots \\ A_m \end{bmatrix} = \begin{bmatrix} d_{11} & d_{12} & \cdots & d_{1n} & t_1 \\ d_{21} & d_{22} & \cdots & d_{2n} & t_2 \\ \vdots & \vdots & & \vdots & \vdots \\ d_{m1} & d_{m2} & \cdots & d_{mn} & t_m \end{bmatrix} \tag{4-10}$$

系统监测矩阵 M 指工程所有监测内容在某段时间内采集的所有监测数据。式中，m 表示这段时间内的采集的次数为 m 次；t_i 表示采集时刻；D_i 为第 i 次采集的数据集；n 表示数据的维度，即该工程中有多少个传感器；d_{jk} 表示第 j 次第 k 个传感器采集的数据。M 是一个 $m \times (n+1)$ 的矩阵。

为便于各传感器分析，将每一列监测数据单独提取为列向量 D_i，

$$D_i = [d_{1i}, d_{2i}, \cdots, d_{mi}]^T$$

式中，D_i 表示一支传感器的所有数据点。

定义 3：相关性矩阵 R。

$$R = \begin{bmatrix} r_{11} & r_{12} & \cdots & r_{1n} \\ r_{21} & r_{22} & \cdots & r_{2n} \\ \vdots & \vdots & & \vdots \\ r_{n1} & r_{n2} & \cdots & r_{nn} \end{bmatrix} \tag{4-11}$$

相关性矩阵 R 指工程中不同传感器的相关关系。式中，r_{ij} 表示 D_i 与 D_j 的相关系数。

$$r_{ij} = \frac{\left| \sum_{k=1}^{n} (d_{ki} - \overline{d_i})(d_{kj} - \overline{d_j}) \right|}{\sqrt{\sum_{k=1}^{n} (d_{ki} - \overline{d_i})^2 \sum_{k=1}^{n} (d_{kj} - \overline{d_j})^2}} \tag{4-12}$$

显然 R 为对称矩阵，可简化计算过程。同时由于部分监测指标互

相影响较少,如温度与渗透压力之间,因此这部分相关关系可不进行计算。

r_{ij} 的取值范围为 0~1,为简化计算量,每行 r_{ij} 仅保留最大三个且大于 0.6 的相关系数。该数据即表示对 D_i 测值影响最大的三个监测数据是哪些,后续采用该计算结果可对 D_i 的后续监测结果进行预测。

采用这种方式处理后的数据,无须人工经验分析数据本身的相互关系,即可直接使用人工神经网络模型进行数据的规律性分析,从而进行数据的预测。

5 基于人工神经网络的预测模型方法研究

5.1 神经网络模型研究

5.1.1 神经网络概述

人工神经网络(Artificial Neural Networks,ANNs)又称神经网络,是由大量处理单元(神经元)广泛互连而成的网络,是对大脑的抽象、简化和模拟,它反映人脑的基本特性。

BP 神经网络是一种采用误差反向传播训练算法的前馈型多层网络,可以解决复杂的非线性问题。BP 神经网络由输入层、隐含层和输出层组成,层与层之间采用全互连的方式,每层节点之间不相连。它的输入层节点的个数通常取输入向量的维数,输出层节点的个数通常取输出向量的维数,隐含层节点个数无确定标准,一般根据实际情况进行确定。根据 Kolmogorov 定理,具有一个隐含层(隐含层节点足够多)的三层 BP 神经网络能在闭集上以任意精度逼近任意非线性连续函数。其原理如图 5-1 所示。

通过调整层与层之间的映射关系以及权重,即可得到任意 n 维空间矢量到 m 维的非线性映射。

5.1.2 BP 神经网络算法流程

(1)权值初始化。

(2)输入 P 个学习样本。

(3)依次计算各层的输出。

(4)根据网络中的预测输出和期望输出来计算网络预测误差。

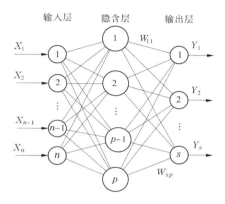

输入层 　隐含层 　输出层

图 5-1　BP 神经网络基本原理

(5)通过网络的预测误差来更新网络连接权值。

(6)按新的权值继续计算网络预测误差,若满足要求或者达到最大学习次数则终止,若没结束,则返回步骤(3),直至结束。

5.2　水利工程神经网络预测模型建模流程

大坝是受复杂边界条件影响的建筑物,其变形、渗流渗压、应力应变等监测测值均受多个边界条件影响,并且每个大坝都有自己的独特性。传统的大坝监测模型建立的方法主要是采用数学与统计学分析的方法,分析每个监测项目受哪些指标影响,然后采用回归分析、相关分析、主成因分析、灰色理论、模糊数学等方法进行建模。这种工作方式,需要针对每个不同的监测类别进行研究,同时不同的大坝又有自己的特点,一个工程建立好的模型不能直接用在另一个工程中。虽然这种建模的方法意义比较明确,但是在模型参数率定过程中需要比较精确的工程基本信息,以及一个比较长系列的监测历史数据,并且由于大坝这种各因子之间呈现非常强的非线性特征,模型的精度往往不是很理想,并且模型的泛化能力较差。

针对传统的大坝监控模型不能很好地反映工程各监测量之间相对复

杂的非线性映射关系,预测精度不太理想的情况,将人工神经网络引入大坝监控领域。与传统方法相比,人工神经网络具有自组织、自适应、自学习等能力,并且具有非常强的非线性映射能力,很好地契合了大坝监控模型的需求。因此,选用人工神经网络作为大坝监控模型的建模工具。

　　由于每个监测物理量都有它的实际物理成因关系,即使无法建立确定性物理模型,长序列监测数据序列也能客观地反映监测物理量与其影响因素的非线性映射关系。因此,只要获取了监测物理量与相关影响因素的足够长的数据系列,就可以构建影响因素与监测物理量的映射关系,这种关系即为监测物理量的预测模型。若出现预测值偏离实际值较大后又恢复的情况,即可认为偏离较大的测值为异常数据,同时可用预测值代替异常值,从而实现数据系列的修复工作。

　　人工神经网络的特点非常适合大坝监测预测工作,选用 BP 神经网络作为大坝监测预测模型。

5.2.1　预测模型输入层的选择

5.2.1.1　经验法

　　由于部分边界条件对监测数据有直接影响,如帷幕前渗压计测值主要受库水位的影响,混凝土坝结构缝的开度主要受环境温度影响,这种影响方式虽然存在一定的物理成因关系,但较难直接构建确定性物理模型。但由于库水位与帷幕前渗压计测值、环境温度与混凝土坝结构缝测值具有较高的影响,因此可以选择这些数据作为输入项进行建模。

5.2.1.2　统计法

　　经第 4 章计算,可以获得每个监测内容受其他监测内容的影响程度,以及得到影响最大的影响因素是什么。因此,可根据该计算结果选择相应的输入项进行建模。

5.2.2　预测模型隐含层与输出层的选择

　　考虑到本大坝监控神经网络模型的输入层与输出层关系相对简单,隐含层选择单层,其节点数 P 采用试算确定。

　　根据第 4 章相关关系矩阵,如果多个监测内容的输入层相同,则可以将其合并,将多个监测内容同时作为输入层的输出层,即输出层为多层,否则输出层为一层。

为保证输入数据与输出数据的兼容性,节点作用函数选用对称型Sigmoid 函数,其表达式如下:

$$f(x) = \frac{1 - e^{-x}}{1 + e^{-x}} \qquad (5\text{-}1)$$

5.2.3　确定终止条件

选择预测值与实测值偏差的方差作为模型预测质量的判断条件,当模型预测精度达到要求时即可结束。

5.2.4　实例研究

5.2.4.1　选择研究对象

选取某水库编号为 P24 的渗压计作为研究对象。该渗压计为振弦式传感器,用于监测坝基渗透压力。其数据系列时段从 2016 年 11月 1 日至 2019 年 12 月 31 日,共计 1 099 组测值。将数据分为两部分,其中 2016 年 11 月 1 日至 2019 年 10 月 31 日的前 1 043 组测值作为模型训练样本,2019 年 11 月 1 日至 2019 年 12 月 31 日的后 56 组测值作为模型验证样本。终止条件为预测值与实测值的均方误差小于 0.05。

5.2.4.2　确定神经网络结构

经分析,该渗压计测值主要受库水位影响。因此,选取渗压计测值与同时段库水位数据组成一个数据系列,作为神经网络的训练数据,采用人工神经网络建立库水位与 P24 渗透压力的预测模型。其中,输入层仅为库水位,输出层仅为渗透压力,隐含层取 5,神经网络渗透压力预测结构如图 5-2 所示。

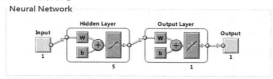

图 5-2　BP 神经网络渗透压力预测结构图

5.2.4.3　预测模型精度

将上述相关信息代入模型进行训练,模型预测结果如图 5-3 所示。

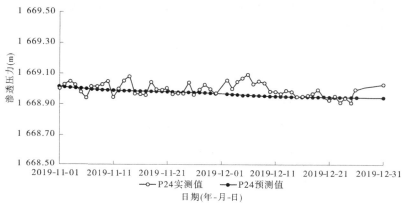

图 5-3　BP 神经网络渗透压力预测结果图

模型检验标准:

(1)预测值与实测值的均方误差为模型精度的基本评判标准。

(2)预测值与实测值绝对偏差大于 10 cm 认为当次预测不合格。

(3)预测值与实测值相对偏差(按渗压计埋设高程以上水头计)大于 10%认为当次预测不合格。

预测模型检验结果如表 5-1 所示。

表 5-1　模型检验表

| 预测绝对偏差(cm) | | | 预测相对偏差 | | | 预测 |
最小值	最大值	平均值	最小值	最大值	平均值	合格率
-13	6	-2.6	-3.2%	1.5%	-0.7%	96%

用于模型验证的 56 组数据中,2019 年 12 月 5 日与 12 月 6 日两组数据预测不合格,均为绝对偏差超限,分别超出了-0.11 m 和-0.13 m,但这两组数据相对偏差为-2.7%和-3.2%,相对偏差不大。从实测与预测过程线也可以看出,实测值在 12 月 5 日与 12 月 6 日有一个较大的凸起,可能是其他因素影响,也可能是监测仪器数据跳动。总体来说,模型的预测结果还是比较好的。

5.2.4.4 特殊情况分析

在进行预测模型率定过程中,发现部分监测仪器由于各种因素导致设备读数跳变严重,这种异常的数据会影响模型预测精度。因此,建模的时候首先需要对异常数据进行识别与剔除工作。

5.3 静态异常数据识别与修复

传统定义中,异常数据是指数据集中与其他数据明显不一致的数据或远离数据集中其余部分的数据。异常数据具体表现在数据提取过程中,可能存在一些数据,它们与其他数据的一般行为或模型不一致。最早且最成熟的异常数据检测方法是基于统计的方法,其思路是通过研究数据的分布形式获取其概率分布与规律,当数据位于某特定子集时即认为异常。

根据对异常数据的产生原因及应有的处理方式,异常数据可分为应剔除的异常数据以及应重视并特别处理的异常数据。

大坝安全监测自动化系统在实际运行中,一个数据需要经过量测、记录、转换、传输等多个步骤,其中任意一个环节都可能产生故障,从而使观测值异常,偏离实际值,不反映监测部位的实际性态,这种异常数据会对后续工程运行性态、工程是否安全的评判工作带来较大影响。

在异常数据判断中多采用后期人工识别的方式,这种方式需要大量的经验积累,并且效率很低。该方法只能剔除异常数据并进行简单内插,当异常数据比例较大时修复效果很差,另外当异常数据较多时该方法就很难实现。

根据是否考虑监测测值的时间先后顺序,将对监测数据的研究方法分为不考虑时间先后顺序的静态分析方法与考虑时间先后顺序的动态分析方法。

5.3.1 异常数据识别与剔除

在不考虑监测测值的时间先后顺序的情况下,一个监测传感器的监测测值序列符合统计学规律,可以运用统计学理论对其进行检验。本文采用 3σ 准则进行异常检验。其检验流程如图 5-4 所示。

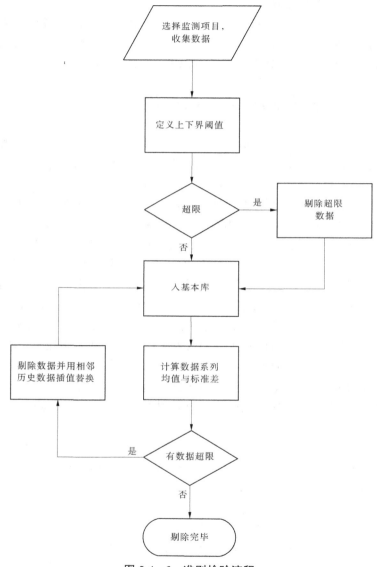

图 5-4　3σ 准则检验流程

具体计算方法如下:

(1)定义上下界阈值,将数据系列中超过上下界阈值的明显错误剔除。

(2)剔除后的数据为 $\{x_1, x_2, \cdots, x_m\}$。

(3)计算 $\bar{x} = \sum\limits_{i=1}^{m} x_i$, $\sigma = \sqrt{\dfrac{\sum\limits_{i=1}^{m}(x_i - \bar{x})^2}{m-1}}$。

(4)当 $|x_i - \bar{x}| > 3\sigma$ 时,认为 x_i 异常,进行异常数据修复, $x_i = 2x_{i-1} - x_{i-2}$。

(5)循环步骤(3)、(4),直至无异常值。

5.3.2 优缺点

该方法采用统计学规律进行异常数据的识别与修复,优点是概念明确,计算方法简单。缺点有以下几方面:

(1)仅能处理历史工况下的异常数据,无法处理外延工况的异常数据。

(2)仅考虑统计学规律,未考虑时间序列对数据连续性的要求。

(3)当历史数据较少或异常数据分布不符合统计学规律时效果较差。

5.4 动态异常数据识别与修复

考虑监测测值的时间先后顺序的情况下,可选用与该监测测值相关性最高的另一个测值进行修复。其方法如下。

5.4.1 异常占比较少的数据修复

选取某水库编号为 K5 的测缝计作为研究对象。该测缝计为振弦式传感器,用于监测结构缝开度。其数据系列时段从 2017 年 12 月 12 日至 2019 年 12 月 23 日,共计 125 组测值。

5.4.1.1　确定神经网络结构

经分析,该测缝计测值主要受温度影响。因此,选取测缝计开度与同时段其附近的温度计所测温度数据组成一个数据系列,作为神经网络的训练数据,采用人工神经网络建立温度与测缝计开度的预测模型。其中输入层仅为温度,输出层仅为测缝计开度,隐含层取 5,神经网络结构如图 5-5 所示。

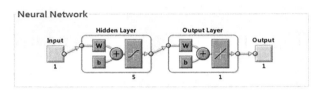

图 5-5　测缝计开度预测 BP 神经网络结构图

5.4.1.2　异常数据识别与修复

选取同时段该处温度测值作为神经网络模型的输入层,测缝计开度测值作为神经网络模型的输出层,获取测缝计开度预测值。将预测值与实测值进行比较,偏差超过一定范围时认为该数据异常。

$$| X_{实测} - X_{预测} | > l \qquad (5\text{-}2)$$

针对编号为 K5 的测缝计,其单位为 mm,l 取 0.2。经模型判断,有 4 个测值异常。将异常测值用预测值修复,修复前后的 K5 过程线对比如图 5-6 和图 5-7 所示。

5.4.1.3　构建通用异常数据识别与修复模型

为简化后续异常数据识别过程,验证异常数据修复模型的可靠性,同时排除原异常数据对预测模型的影响,选取修复后的 2017 年 12 月 12 日至 2019 年 6 月 30 日测缝计测值与对应温度测值重新建立预测模型后,选取 2019 年 7~12 月作为验证时段,以实测温度作为输入项,代入异常数据修复模型,获取 K5 预测值,并与 K5 实测值进行比较,其结果如表 5-2、图 5-8 所示。

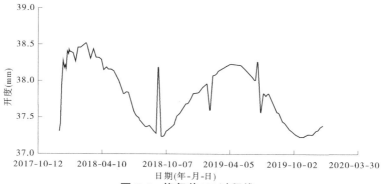

图 5-6　修复前 K5 过程线

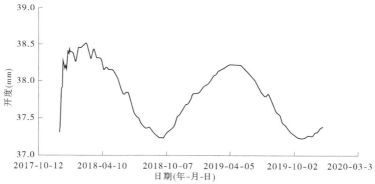

图 5-7　修复后 K5 过程线

表 5-2　模型检验表

预测绝对偏差（mm）			预测相对偏差		
最小值	最大值	平均值	最小值	最大值	平均值
-0.14	0.13	-0.04	-0.4%	0.3%	-0.1%

　　其中,预测值与实测值偏差最大值为 0.13 mm,偏差最小值为 -0.14 mm,偏差均值为 -0.04 mm,从预测偏差可以看,该预测模型能较好地预测监测物理量的实际变化过程,可直接用于后续采集数据的

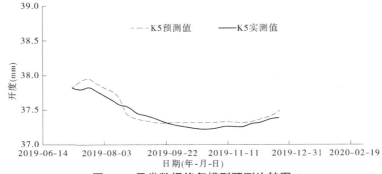

图 5-8　异常数据修复模型预测比较图

异常识别与修复过程。

5.4.2　异常占比较多的数据修复

由于上述异常数据修复模型在第一步构建时不能剔除异常数据对模型的影响,当异常数据占比较大时模型会失真,因此在第二步剔除异常数据时异常数据剔除不全,甚至会剔除非异常数据,导致后续模型建立失败。为解决该问题,采用移动平均法结合 BP 神经网络进行异常数据识别与修复模型的构建。

选取某水库编号为 P14 的渗压计作为研究对象。该渗压计为振弦式传感器,由于接头进水,所测频率值跳变较大,换算出的渗透压力测值也变化较大,异常数据比例较大,但跳变一段时间后还能回归相对正常的测值。由于异常数据所占比例较大,从过程曲线估计异常数据占总数据量超过 35%,采用传统方法直接进行分析很难找到规律性。原始数据过程线图如图 5-9 所示。

为进一步研究,将数据分为两部分,其中 2016 年 11 月至 2019 年 12 月的三年多数据,异常值较多,作为模型建立与率定的输入资料,2020 年 1 月 10 日至 2020 年 3 月 19 日共计 69 日的数据作为模型的检验数据。

(1)异常数据初步剔除。

由于原始数据序列中异常数据点位较多,无法直接用其进行建模,因此首先采用数学方法进行初步剔除异常数据,仅保留较为符合实际物理成因规律的数据。

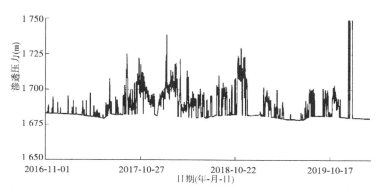

图 5-9 修复前 P14 过程线

因为观测频率较高,数据间隔均不超过 24 h,而水利工程为了保证水工建筑物的运行,一般库水位不会出现骤升骤降的情况,因此渗透压力监测过程也不会出现较大突变的情况。采用简单移动平均法按时间顺序依次预测。移动平均法预测计算方法如下:

$$X_{预测} = \frac{\sum_{i=1}^{n} X_{t-i}}{n} \tag{5-3}$$

为了提高数据敏感性,n 取 5。

将移动平均法简单预测的测值与实测值进行比较,偏差超过一定范围时认为该数据异常。

$$\mid X_{实测} - X_{预测} \mid > l$$

当 X 为渗透压力监测测值,其单位为"m"时,一般 l 取 1 或者 2。由于后续采用神经网络进行预测与修复,已经验证少数异常数据不影响建模结果,因此这里 l 可以取稍微大一些的值,防止删除过多的原始数据。

将判断为异常的数据系列剔除后,剩余数据即为反映实际物理情况的数据。其过程线如图 5-10 所示。

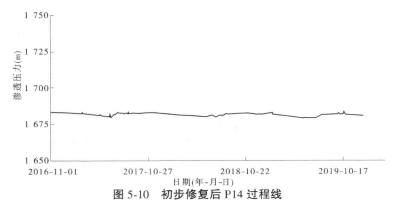

图 5-10　初步修复后 P14 过程线

为了更好地反映出渗透压力与库水位的相关性,将主、副坐标轴的坐标范围进行调整,调整后的过程线如图 5-11 所示。

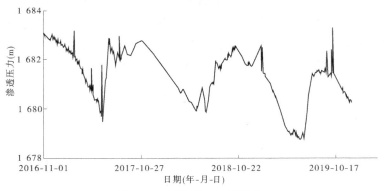

图 5-11　调整后 P14 过程线

可以看出,经过移动平均法简单处理后的数据仍然会有少数异常值未剔除,且整个过程线缺失了很多数据,尤其是较长时间内均为异常数据时,剔除后该段过程线为一段直线,不利于对整个过程的分析,并且有可能会漏掉一些特征值。

(2)利用修复后的数据过程建立人工神经网络预测模型。

选取修复后的渗透压力与其对应的库水位组成一个新的数据系

列,作为神经网络的训练数据,采用人工神经网络建立库水位与渗透压力的预测模型。其中,输入层仅为库水位,输出层仅为渗透压力,隐含层取 5,因此神经网络的结构为 1-5-1。

(3)异常数据识别与修复。

利用训练好的人工神经网络预测模型,可以完成异常值的识别与剔除。以库水位为输入数据,利用训练好的人工神经网络预测模型对渗压测值进行预测,并与未剔除异常值的实测数据系列进行比较。当实测值相比预测值偏差较大时,认为数据存在异常。现以原渗压计测值与库水位过程线为研究对象,利用训练好的神经网络对异常数据进行修复。

首先计算所有库水位对应的预测值,然后计算实测值与预测值之间的偏差,当偏差大于 1 时用预测值替换实测值。原始数据 1 191 条,修复数据 516 条,异常数据占总数据量的 43.3%。修复后的过程线如图 5-12 所示。

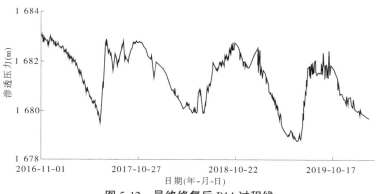

图 5-12　最终修复后 P14 过程线

从修复后的过程线可以看出,即使原始数据中存在较大比例的异常值,利用移动平均法结合 BP 神经网络仍然能较好地反映渗透压力与库水位的物理成因关系,因此可对异常数据较多的数据系列进行修复。

为了验证该修复方法的合理性与可靠性,选取 2020 年 1 月 11 日至 2020 年 3 月 19 日这段实测值较为稳定的时段,以实测库水位为输入项,代入异常数据修复模型,预测 P14 测值,然后与 P14 实测值进行比较,其结果如图 5-13、表 5-3 所示。

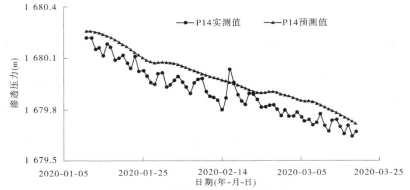

图 5-13   异常数据修复模型预测比较

表 5-3   模型检验表

预测绝对偏差(cm)			预测相对偏差			预测合格率
最小值	最大值	平均值	最小值	最大值	平均值	
-7.5	18.1	8.3	-0.2%	0.5%	0.2%	100%

注:相对误差以传感器绝对测值计算。

其中,预测值与实测值偏差最大为 18.1 cm,偏差最小为 -7.5 cm,偏差平均值为 8.3 cm,考虑到该渗压计总数据中超过 43% 的数据为异常数据,且在这个时段内平均绝对测值为 344 kPa,即工作水头在 35 m以上,则该预测模型的预测相对偏差在 ±0.5%,预测相对偏差均值在0.2% 左右。从预测偏差可以看出,该预测模型能很好地反映监测物理量的实际变化过程。

当然,由于该模型在整个库水位运行范围均选用同一个参数,因此在不同水位时会有一定的偏差,如图 5-13 可以看出预测值均比实测值偏大一点。后续可对预测模型进行细分,不同运行范围采用不同的参数,对整个水库运行范围进行分段预测,即可得到更加准确的预测结果。

5.5 神经网络趋势性预测

由于人工神经网络的输入数据包含如气温、降雨、径流等边界条件,而气温、降雨、径流在短期可以通过气象预报、降雨径流预报预测未来短期的趋势,在长期可以通过多年气象、水文信息预测未来长期的大体走势,因此可将这些预测信息输入神经网络预测模型,去判断水利工程后续的监测测值走势,短期可以进行工程安全定量趋势预测,长期可以进行工程安全定性趋势预测。

5.6 神经网络模型的自我进化

在工程运行过程中,工程的性状不是完全不变的,而是随着时间推移逐渐发生变化的。而这种变化在工程安全监测数据上会有所体现。因此,只要设置好一个合理的模型率定参数所用的数据长度,通过不断地更新模型参数率定所用的数据,即可使预测模型不断地随工程性状改变而成长。

选取某水库 2014 年 3 月至 2020 年 9 月一支渗压计的渗透压力监测数据作为研究对象,以库水位作为模型输入项建立神经网络渗透压力预测模型。其中,水库于 2017 年 4 月进行除险加固,5 月重新蓄水。由于所选周期较长,渗透压力监测数据共 1 600 余条,为提高程序运行效率,选取率定段长度固定为 500 组数据,每新增 30 条数据重新调整一次预测模型参数。第一次选用 1~500 条数据作为模型建模数据,预测第 501~530 条共 30 条渗透压力数据。第二次选用第 31~530 条数据,仍以 500 组数据作为模型建模数据,预测第 531~560 条共 30 条渗透压力数据,以此类推。预测结果如图 5-14 所示。

水库除险加固后工程特性发生了比较大的改变,若采用普通模型,在工程特性发生改变后需人为调整模型参数。但从预测过程线可以看出,除险加固前预测过程与实测过程较为吻合,除险加固后实测值比预测值小很多,但经过一段时间自我改进后,至 2020 年,预测过程又与实

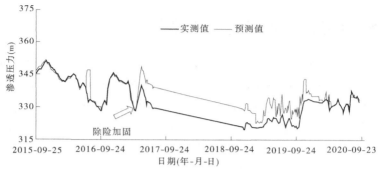

图 5-14　神经网络模型自我改进图

测过程吻合了。结果显示即使工程特性发生了较大改变,只要经过一定的适应期,神经网络模型无须人工干预仍能自我调整至与实际情况较吻合的状况,具有很强的自适应能力。

6 基于多元融合的水利工程安全智能评估技术研究

6.1 评价指标的设置

工程安全的评价指标可以分为两类:①一票否决的评价指标;②综合评估的评价指标。

所谓一票否决的评价指标,是指在工程设计的时候,设计单位根据工程结构计算得出预警值,当现场监测数据超出预警值时直接判断工程不安全。这类明确了基本判别条件,无须考虑其他内容的评价指标,即为一票否决的评价指标。该类指标对工程的安全评价具有一票否决权。如渗流量超限、水平位移超限等即可作为一票否决的评价指标。

所谓综合评估的评价指标,是指按照一定的计算规则,考虑各种外界条件和内部监测结果,综合评判与计算后,得出工程综合安全评价结果。

6.2 工程安全评价方法

目前常用的工程安全评价的方法有层次分析法、模糊聚类法、集对分析法、可靠度理论分析法、神经网络法、物元可拓模型等。当监测数据类型相对简单时,可针对各监测数据进行研究,将上述神经网络预测模型的理论预测值与实测值进行比较并打分,最终根据各监测数据打分情况得出工程综合得分,从而得到工程安全评价结果。

6.3　基于神经网络预测模型的评分法

工程运行过程中积累了大量的监测数据,一般情况下认为工程在历史工况下的历史监测数据是正常的。利用这些监测历史数据采用第 5 章建立的人工神经网络模型可对工程各监测指标进行数值预测,当预测值与实测值发生偏差时,可以认为工程的性状发生了改变,偏差越大,工程性状改变得也越大,即工程越不安全。因此,可采用人工神经网络预测模型对各监测数据进行打分,从而判断工程是否安全。具体流程如下:

(1)收集工程历史监测数据,建立人工神经网络预测模型。

(2)单个监测类别打分。

单个监测值打分分为两部分:一部分是判断监测实测值与理论值是否存在偏差,即相对偏差;另一部分是判断监测实测值与设计预警值或不利工况如设计洪水位、校核洪水位时的监测理论值进行比较,即绝对偏差。

①相对偏差比较。

每个监测项目根据实测值与预测值情况进行打分,其打分计算如下所示:

$$R_i = 1 - \frac{\left| x_{\text{实测}i} - x_{\text{预测}i} \right|}{2x_{\text{max}\,i}} \tag{6-1}$$

式中,R_i 为第 i 项监测项目的相对偏差得分情况;$x_{\text{实测}i}$ 为第 i 项监测项目的实测值;$x_{\text{预测}i}$ 为第 i 项监测项目的预测值;x_{max_i} 为第 i 项监测项目的最大允许偏差。

②绝对偏差比较。

每个监测项目根据实测值与设计预警值或不利工况下的监测理论值进行比较并打分,其打分计算如下所示:

当 $x_{\text{实测}} < 0.8x_{\text{预警}}$ 或 $x_{\text{实测}} < 0.8x_{\text{设洪}}$ 时,$S_i = 0.9$;

当 $0.8x_{\text{预警}} \leqslant x_{\text{实测}} < x_{\text{预警}}$ 或 $0.8x_{\text{设洪}} \leqslant x_{\text{实测}} < x_{\text{设洪}}$ 时,$S_i = 0.5$;

当 $x_{\text{预警}} \leqslant x_{\text{实测}} < 1.2x_{\text{预警}}$ 或 $x_{\text{设洪}} < x_{\text{实测}} < x_{\text{校洪}}$ 时,$S_i = 0.3$;

当 $x_{实测} > 1.2x_{预警}$ 或 $x_{实测} > x_{校洪}$ 时，$S_i = 0.1$。

式中，S_i 为第 i 项监测项目的绝对偏差得分情况；$x_{实测}$ 为第 i 项监测项目的实测值；$x_{预警}$ 为第 i 项监测项目的设计预警值；$x_{设洪}$ 为第 i 项监测项目在设计洪水位下的理论计算值；$x_{校洪}$ 为第 i 项监测项目在校核洪水位下的理论计算值。

（3）工程总体安全性打分。

整个工程总体的安全性得分为各监测项目得分的最小值，即

$$R = \min(R_i, S_i)$$

（4）工程总体安全性结论。

工程的安全性分为正常、基本正常、轻度异常、重度异常、恶性失常5级，对应打分表为 $[0.8,1]$、$[0.6,0.8)$、$[0.4,0.6)$、$[0.2,0.4)$、$[0,0.2)$ 五级。由工程总体安全性得分查表即可得到工程总体安全性结论。

7　水利信息化监管平台构建

7.1　系统总体架构

系统总体架构如图 7-1 所示。

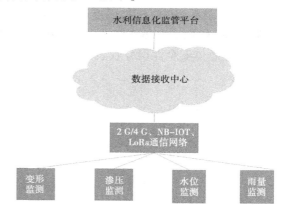

图 7-1　系统总体架构

系统由前端监测设备、数据通信网络、数据接收中心和监管平台组成。数据接收中心由接收软件和数据库组成。监管平台由用户管理、系统管理、数据质量管理、数据展示和分析评价等模块组成。

7.2　数据接收中心

7.2.1　数据库设计

数据库版本为 SQL Sever 2008,水雨情数据库表结构按照《实量水雨情数据库表结构与标识符》(SL 323—2011)的要求设计。

7.2.2　接收软件

数据接收软件以系统服务的形式部署云平台数据服务器,通过 2 G/4 G 网络传输的水库的渗压、水雨情、图像数据以及 GNSS 原始数据,具有不小于 3 000 台设备的并发处理能力,可对监测设备以及监测数据进行查询和管理,可按照《水情信息编码标准》对水雨情数据进行入库,支持 SQL 数据库。数据接收软件基本功能如下。

7.2.2.1　**协议解析功能**

能够根据《水文监测数据通信规约》及《水资源监测数据传输规约》要求对接收到的报文进行校验、解析、入库、转发等操作,可将水雨情数据按要求写入标准表。

7.2.2.2　**设备管理功能**

可远程向遥测站发送控制指令,进行主动查询及数据召测,可对遥测站的参数进行修改,切换图像/视频监控模块,可批量对遥测站进行历史数据请求、程序升级、校时等操作。

7.2.2.3　**数据管理功能**

可对接收到的数据信息进行查询、统计导出等操作,能够定时检查遥测站监测数据的完整性,自动请求缺失的历史数据。

7.3　监管平台主界面

主界面包含了工程现场地图、监测点分布图及当前状态,如图 7-2 所示。

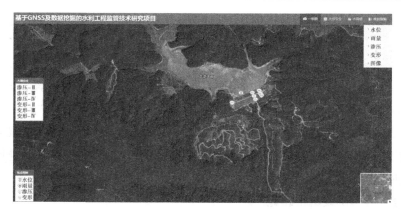

图 7-2　监管平台主界面

7.4　监测数据展示

7.4.1　水位、雨量数据展示

可用表格形式展示水位和雨量数据，如图 7-3 所示。

数据时间：2021-01-01　至　2021-02-24　时间间隔　5　站名　水库水位主站

序号	水库站点	站点编码	时间	水位(m)	库容(万m^3)	涵管流量(m^3/s)	[illegible](m^3/s)	[illegible](m^3/s)
1	水库水位主站	5109000102	2021-02-22 17:50:00	0.01	-	0	0	0
2	水库水位主站	5109000102	2021-02-22 17:45:00	0.01	-	0	0	0
3	水库水位主站	5109000102	2021-02-22 17:40:00	0.01	-	0	0	0
4	水库水位主站	5109000102	2021-02-22 17:35:00	0.01	-	0	0	0
5	水库水位主站	5109000102	2021-02-22 17:30:00	0.01	-	0	0	0
6	水库水位主站	5109000102	2021-02-22 17:25:00	0.01	-	0	0	0
7	水库水位主站	5109000102	2021-02-22 17:20:00	0.01	-	0	0	0
8	水库水位主站	5109000102	2021-02-22 17:15:00	0.01	-	0	0	0
9	水库水位主站	5109000102	2021-02-22 17:10:00	0.01	-	0	0	0
10	水库水位主站	5109000102	2021-02-22 17:05:00	0.01	-	0	0	0
11	水库水位主站	5109000102	2021-02-22 17:00:00	0.01	-	0	0	0

1　2　3　…　195　>　确定　共 5834 条　30 条/页

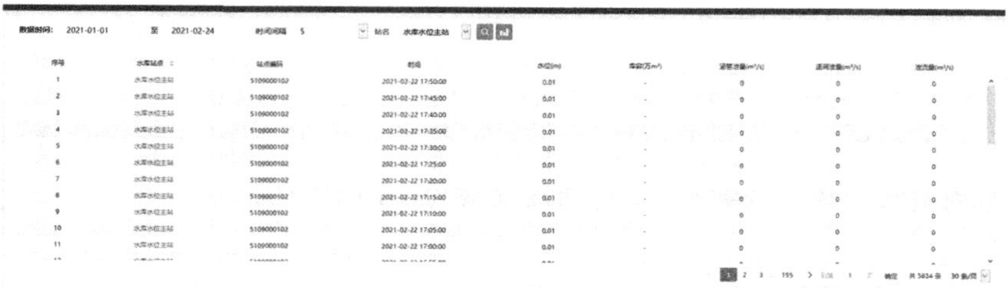

图 7-3　表格形式展示水位、雨量数据

曲线形式展示水位、雨量数据见图 7-4。

7.4.2　渗压数据展示

表格形式展示渗压数据见图 7-5。

曲线形式展示渗压数据见图 7-6。

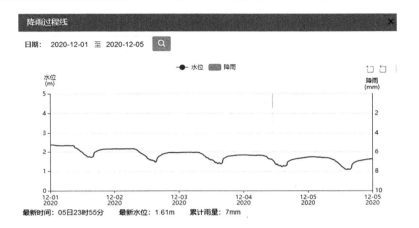

图 7-4　曲线形式展示水位、雨量数据

序号	名称	时间	水位	模型计算	计算结果	安全系数
1231	渗压-III	2021-01-04 02:00...	0.52	已完成计算	1.10597...	1
1232	渗压-III	2021-01-04 01:00...	0.52	已完成计算	1.10597...	1
1233	渗压-III	2021-01-04 00:00...	0.52	已完成计算	1.10597...	1
1234	渗压-III	2021-01-03 23:00...	0.52	已完成计算	1.10597...	1
1235	渗压-III	2021-01-03 22:00...	0.52	已完成计算	1.10597...	1
1236	渗压-III	2021-01-03 21:00...	0.52	已完成计算	1.10597...	1
1237	渗压-III	2021-01-03 20:00...	0.53	已完成计算	1.10597...	1
1238	渗压-III	2021-01-03 19:00...	0.53	已完成计算	1.10597...	1
1239	渗压-III	2021-01-03 18:00...	0.53	已完成计算	1.10597...	1
1240	渗压-III	2021-01-03 17:00...	0.53	已完成计算	1.10597...	1
1241	渗压-III	2021-01-03 16:00...	0.53	已完成计算	1.10597...	1
1242	渗压-III	2021-01-03 15:00...	0.53	已完成计算	1.10597...	1
1243	渗压-III	2021-01-03 14:00...	0.53	已完成计算	1.10597...	1
1244	渗压-III	2021-01-03 13:00...	0.53	已完成计算	1.10597...	1
1245	渗压-III	2021-01-03 12:00...	0.53	已完成计算	1.10597	1
1246	渗压-III	2021-01-03 11:00...	0.53	已完成计算	1.10597...	1
1247	渗压-III	2021-01-03 10:00...	0.53	已完成计算	1.10597	1
1248	渗压-III	2021-01-03 09:00...	0.53	已完成计算	1.10597...	1
1249	渗压-III	2021-01-03 08:00...	0.53	已完成计算	1.10597...	1

图 7-5　表格形式展示渗压数据

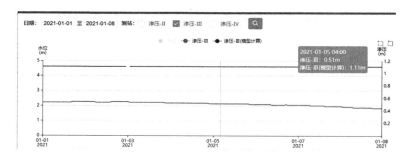

图 7-6　曲线形式展示渗压数据

7.4.3　变形数据展示

表格形式展示变形数据见图 7-7。

序号	名称	时间	X	Y	Z	模型计算	安全系数
1	变形-II	2021-02-22 16:59...	-0.03	-0.29	0.04	已完成计算	1
2	变形-II	2021-02-22 16:49...	-0.36	-0.61	0.21	已完成计算	1
3	变形-II	2021-02-22 16:39...	-0.55	0.01	0.15	已完成计算	1
4	变形-II	2021-02-22 16:29...	-0.19	0.12	0.21	已完成计算	1
5	变形-II	2021-02-22 16:19...	0.33	-0.17	0.42	已完成计算	1
6	变形-II	2021-02-22 16:09...	0	-0.03	0.59	已完成计算	1
7	变形-II	2021-02-22 15:59...	0.19	-0.23	0.7	已完成计算	1
8	变形-II	2021-02-22 15:49...	-0.77	2.24	-0.31	已完成计算	1
9	变形-II	2021-02-22 15:39...	0.27	-0.2	0.5	已完成计算	1
10	变形-II	2021-02-22 15:29...	0.59	-0.22	0.46	已完成计算	1
11	变形-II	2021-02-22 15:19...	0.02	-0.1	0.41	已完成计算	1
12	变形-II	2021-02-22 15:09...	0.41	0.16	-0.12	已完成计算	1
13	变形-II	2021-02-22 14:59...	0.19	0.36	0.47	已完成计算	1
14	变形-II	2021-02-22 14:49...	0.39	-0.01	-0.41	已完成计算	1
15	变形-II	2021-02-22 14:39...	0.92	-1.01	-1.15	已完成计算	1
16	变形-II	2021-02-22 14:29...	0.41	-1	-0.99	已完成计算	1
17	变形-II	2021-02-22 14:19...	-0.05	-1.58	-1.36	已完成计算	1
18	变形-II	2021-02-22 14:09...	-1.05	2.08	1.15	已完成计算	1
19	变形-II	2021-02-22 13:59...	-0.34	0.41	0.02	已完成计算	1
20	变形-II	2021-02-22 13:49...	-0.02	-0.05	-0.31	已完成计算	1

图 7-7　表格形式展示变形数据

7.5 数据整编

数据整编与分析系统主要提供监测数据的整编、查询、统计、分析、对比等功能,包括水位、雨量、渗压和变形数据的整编,见图 7-8 ~ 图 7-11。

| 年份: 2021 🔍 | | | | | | | | | | 最高水位:1.22m(1月25日), 最低水位:0.01m(2月5日), 平均水位:0.6m | | |
日/月	1	2	3	4	5	6	7	8	9	10	11	12
1	1.16	0.09	--	--	--	--	--	--	--	--	--	--
2	1.16	--	--	--	--	--	--	--	--	--	--	--
3	1.17	--	--	--	--	--	--	--	--	--	--	--
4	1.17	--	--	--	--	--	--	--	--	--	--	--
5	1.18	0.01	--	--	--	--	--	--	--	--	--	--
6	--	0.01	--	--	--	--	--	--	--	--	--	--
7	1.18	0.01	--	--	--	--	--	--	--	--	--	--
8	1.18	0.01	--	--	--	--	--	--	--	--	--	--
9	--	0.01	--	--	--	--	--	--	--	--	--	--
10	--	0.01	--	--	--	--	--	--	--	--	--	--

图 7-8 水位数据统计

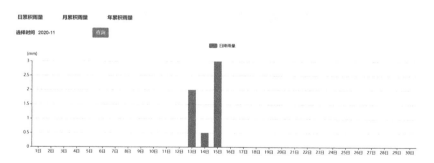

图 7-9 日雨量统计

年份：　2021　　　🔍

日期/排次	渗压Ⅱ	渗压Ⅲ	渗压Ⅳ	库水位
1月1日	0	0.54	0	1.17
1月11日	0	0.43	0	1.18
1月21日	0	0.28	0	1.2
2月1日	0	0.13	0	0.55
2月11日	0	1.29	0	0.01
2月21日	0.01	0	0	0.01

图 7-10　渗压数据统计

日期：　2021-02-18　全部 ∨ 至 2021-02-25　全部 ∨　站名　变形-Ⅲ ∨　🔍　📊

序号	名称	时间	X	Y	Z	模型计算	安全系数
151	变形-Ⅲ	2021-02-18 16:19:30	0.25	-0.54	-0.11	已完成计算	1
152	变形-Ⅲ	2021-02-18 16:09:30	0.06	-0.4	-0.05	已完成计算	1
153	变形-Ⅲ	2021-02-18 15:59:30	-1.36	1.44	-0.83	已完成计算	1
154	变形-Ⅲ	2021-02-18 15:49:30	0.18	-0.19	0.43	已完成计算	1
155	变形-Ⅲ	2021-02-18 15:39:30	0.11	-0.52	0.19	已完成计算	1
156	变形-Ⅲ	2021-02-18 15:29:30	-0.17	-0.15	-0.16	已完成计算	1
157	变形-Ⅲ	2021-02-18 15:19:30	-0.02	0.28	-0.38	已完成计算	1
158	变形-Ⅲ	2021-02-18 15:09:30	0.6	-0.48	-0.93	已完成计算	1
159	变形-Ⅲ	2021-02-18 14:59:30	0.67	-0.4	-0.6	已完成计算	1
160	变形-Ⅲ	2021-02-18 14:49:30	0.15	0	0.03	已完成计算	1

图 7-11　变形数据统计

7.6　预测预报模块

　　监管平台对每个监测点的水位、雨量、渗压、变形等监测数据进行分析,结合气象、水文信息预测短期边界条件变化情况,根据边界条件变化情况预测结果,调用预测模型,根据预测模型输出结果对工程安全系数进行评价。

参 考 文 献

[1] 我国水利工作重心转为"工程补短板 行业强监管"[EB/OL]. http://www. xinhuanet. com/politics/2019-01/16/c_1210039291. html, 2019-01-16.

[2] 国新办举行病险水库除险加固情况吹风会[J]. 海河水利, 2020(S1):35.

[3] 水利部大坝安全管理中心. 全国水库大坝安全监测情况调查报告[R]. 2017.

[4] 王健,王士军. 全国水库大坝安全监测现状调研与对策思考[J]. 中国水利, 2018(20):15-19.

[5] 陈文燕,朱林,王文韬. 大坝安全监测的现状与发展趋势[J]. 电力环境保护, 2009(6):38-42.

[6] 吴中如. 高新测控技术在水利水电工程中的应用[J]. 水利水运工程学报, 2001(1):13-21.

[7] 吴中如,顾冲时. 大坝安全综合评价专家系统[M]. 北京:科学技术出版社, 1997.

[8] 袁晓峰. 大坝安全监测资料分析若干问题研究[D]. 南昌:南昌大学,2007.

[9] 赵卿. 大坝变形分析多测点统计模型的应用研究[D]. 武汉:武汉大学,2010.

[10] Elliott D, Kaplan JCJH. Understanding GPS Principles and Applications, Second Edition[M]. 北京:电子工业出版社,2007.

[11] 张双成,王利,黄观文. 全球导航卫星系统 GNSS 最新进展带来的机遇和挑战[J]. 工程勘察, 2010(8):49-53.

[12] 陈俊勇. 全球导航卫星系统进展及其对导航定位的改善[J]. 大地测量与地球动力学, 2009,29(2):1-3.

[13] 陈俊勇,胡建国. 建立中国差分 GPS 实时定位系统的思考[J]. 测绘工程, 1998(1):6-10.

[14] 刘经南,陈俊勇,张燕平,等. 广域差分 GPS 原理和方法[M]. 北京:测绘出版社,1999.

[15] Zumberge J F HMB, Jefferson D C ea. Precise point positioning for the efficient and robust analysis of GPS data from large networks[J]. Journal of Geophysical Research, 1997,102(B3):5005-5017.

[16] 宋伟伟. 导航卫星实时精密钟差确定及实时精密单点定位理论方法研究 [D]. 武汉:武汉大学,2011.

[17] Wabbena, G., Schmitz, M., Bagge, A. PPP-RTK: Precise Point Positioning

Using State-Space Representation in RTK Networks[C]. Proceedings of the 18th International Technical Meeting of the Satellite Division of The Institute of Navigation, Long Beach, CA, 2005: 2584-2594.

[18] Leandro, R., Landau, H., Nitschke, M., Glocker, M., Seeger, S., Chen, X. M., Deking, A., BenTahar, M., Zhang, F. P., Ferguson, K., Stolz, R., Talbot, N., Lu, G., Allison, T., Brandl, M., Gomez, V., Cao, W., Kipka, A. RTX Positioning: The Next Generation of cm-accurate Real-Time GNSS Positioning[C]. Proceedings of the 24th International Technical Meeting of the Satellite Division of the Institute of Navigation, Portland, OR, 2010: 1460-1475.

[19] Leandro R LH, Nitschke M. RTX positioning: the next generation of cm-accurate real-time GNSS positioning. ION GNSS+. Vol. 14601475,2011.

[20] 冉承其. 北斗卫星导航系统运行与发展[J]. 卫星应用, 2014(8):7-10.

[21] 谭述森. 北斗卫星导航系统的发展与思考[J]. 宇航学报, 2008,29(2):291-396.

[22] 杨元喜. 北斗卫星导航系统的进展、贡献与挑战[J]. 测绘学报, 2010,39(1):1-6.

[23] Walter, T., Kee, C., Chao, Y. C., Tsai, Y. J., Peled, U., Ceva, J., Barrows, A. K., Abbott, E., Powell, D., Enge, P., Parkinson, B. Flight Trials of the Wide-Area Augmentation System (WAAS)[C]. Proceedings of the 7th International Technical Meeting of the Satellite-Division of the Institute-of-Navigation, Salt Lake City, UT, 1994: 1537-1546.

[24] Penna N DA, Chen W. Assessment of EGNOS tropospheric correction model[J]. The Journal of Navigation, 2001,54(1):37-55.

[25] Mohinder S,Grewal LRW, Angus P. Global Positioning Systems, Inertial Navigation, and Integration[M]. John Wiley & Sons, Inc,2000.

[26] Reddan, P. Satellite-Based Augmentation Systems[C]. Proceedings of the 61st Annual Meeting of The Institute of Navigation Cambridge, MA, 2005: 143-200.

[27] Kibe SV. Indian Plan for Satellite-based Navigation Systems for Civil Aviation [J]. Curr Sci, 2003,84(11):1405-1411.

[28] Ronald R. Hatch RTS. Recent Improvements to the StarFire Global DGPS Nagigation Software[J]. Journal of Global Positioning System, 2004,3:143-153.

[29] Leandro R L H. RTX Positioning: the Next Generation of cm-accurate Real-time GNSS Positioning. ION GNSS. ,2011.

[30] Chen X AT, Cao W. Trimble RTX, an Innovative new Approach for Network RTK. ION GNSS. ,2011. 2214-2219.

[31] Melgard T VE, Orpen O. Advantages of Combined GPS and GLONASS PPP-experiences based on G2. A new Service from Fugro. IAIN World Congree. (13th). Stockholm,2009:1-7.

[32] Yangyan Liu SY, Song W. Integrating GPS and BDS to shorten the Initialization Time for Ambiguity-fixed PPP[J]. GPS Solut, 2016:1-11.

[33] Gaissy MWGAL. The IGS real-time pilot project-the development of realtime IGS correction products for precise point positioning. Geophysics Research Abstracts, 2011.

[34] 焦文海,刘莹. 国际 GNSS 监测评估系统(iGMAS)及其新进展[C]//第一届中国大地测量和地球物理学学术大会,北京,2014: 1-1.

[35] B. A. 希尔曼,D. R. 拉特维奇,等. 全球定位系统(GPS)在大坝变形监测上的应用[C]//马建礼,译. 水利科技译文集,2000.

[36] Kenneth W. Hudnut JAB. Continuous GPS Monitoring of Structural Deformation at Pacoima Dam[J]. Seismological Research Letters,1998,69(4).

[37] David R, Rutledgel Steven Z, Meyerholtz. Performance monitoring of Libby Dam with a Differential Global Positioning System [J]. United States Society of Damds,2005(6).

[38] 徐绍铨. GPS 测量原理及在水电工程中的应用[J].大坝与安全,2003.

[39] 伍志刚,黄艳菊. 用 GPS 系统进行土石坝变形观测[J]. 水利水电工程设计, 1997(2):31-34.

[40] 徐绍铨,程温鸣,黄学斌. GPS 用于三峡库区滑坡监测的研究[J]. 水利学报,2003(1):114-118.

[41] 徐绍铨,等.长江三峡库区崩滑地质灾害 GPS 监测研究报告[R]. 北京:国土资源部长江三峡地质灾害防治指挥部,1999.

[42] 杨旭东,欧阳祖熙. 三峡库区重庆市万州区地质灾害监测预警系统建设概述[EB/OL]. http://cigem. gov. cn/ReadNews. asp? NewsID=478.

[43] 何秀凤,华锡生,等. GPS 一机多天线变形监测系统[J].水电自动化与大坝监测,2002,26(3):34-37.

[44] 许斌,何秀凤,桑文刚,等. GPS 一机多天线技术在小湾电站边坡监测中的应用[J].水电自动化与大坝监测,2005,29(3):64-67.

[45] 廖文来,何金平. 基于集对分析的大坝安全综合评价方法研究[J]. 人民长

江,2006(6):57-58,61.

[46] 江沛华,汪莲. 基于变权的多层次模糊综合评价在大坝安全评价中的应用 [J]. 中国农村水利水电,2010(4):112-114.

[47] 刘强,沈振中,聂琴. 基于灰色模糊理论的多层次大坝安全综合评价[J]. 水 电能源科学,2008(6):76-78,185.

[48] 闫滨,高真伟,李东艳. RBF 神经网络在大坝安全综合评价中的应用[J]. 岩 石力学与工程学报,2008(S2):3991-3997.

[49] 方国华,黄显峰. 多目标决策理论、方法及其应用[M]. 北京:北京科学技术 出版社,2001.

[50] Li Dong. The Application of Matter-Element Bayesian Network Model in the Road Damage Evaluation[J]. Applied Mechanics and Materials, 2001,1446(90).

[51] 王志军,汪亚超,宋宜猛. 物元模型在大坝安全度评价中的应用[J]. 水电自 动化与大坝监测,2008,32(1):75-77.

[52] 何金平,廖文来,施玉群. 基于可拓学的大坝安全综合评价方法[J]. 武汉大 学学报(工学版),2008(2):42-45.

[53] 王少伟,包腾飞,任姣. 改进的物元可拓模型在大坝安全综合评价中的应用 [J]. 水电能源科学,2012(2):66-68,114.

[54] 杨贝贝,苏怀智,付浩雁. 大坝安全监测系统综合评价方法研究[J]. 中国农 村水利水电,2016(1):122-124,128.

[55] 李子阳,郭丽,顾冲时. 大坝监测资料的时变 Kalman 预测模型[J]. 武汉大 学学报(信息科学版),2010(8):991-995.

[56] 杨丽. 小波理论在大坝变形监测数据分析中的应用研究[D].西安:西安理 工大学,2010.

[57] Nicholas Misiunas, Asil Oztekin, Yao Chen,et al. DEANN:A healthcare analytic methodology of data envelopment analysis and artificial neural networks for the prediction of organ recipient functional status[J]. Omega,2016,58.